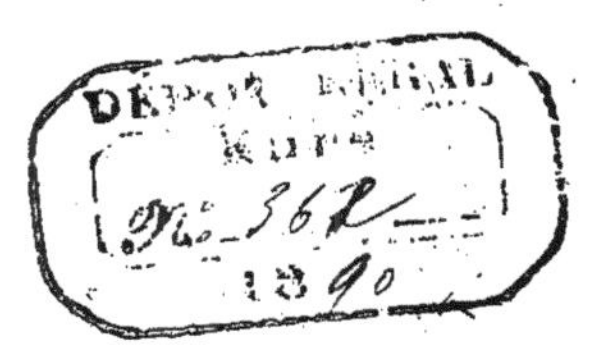

LES MOUVEMENTS

ET LES HABITUDES

DES

PLANTES GRIMPANTES

TYPOGRAPHIE FIRMIN-DIDOT. — MESNIL (EURE).

LES MOUVEMENTS

ET LES HABITUDES

DES

PLANTES GRIMPANTES

PAR

CHARLES DARWIN, M.A., F.R.S.

OUVRAGE TRADUIT DE L'ANGLAIS SUR LA DEUXIÈME ÉDITION

PAR LE

Docteur RICHARD GORDON

Bibliothécaire adjoint de la Faculté de médecine de Montpellier

AVEC TREIZE FIGURES DANS LE TEXTE

DEUXIÈME ÉDITION

PARIS

C. REINWALD, LIBRAIRE-ÉDITEUR

15, RUE DES SAINTS-PÈRES, 15

1890

PRÉFACE

———

Cet Essai parut pour la première fois en 1845, dans
le tome IX du Journal de la Société Linnéenne. Je le re-
produis aujourd'hui, après l'avoir corrigé, et sous une
forme plus claire, je l'espère, en y ajoutant quelques faits
nouveaux. Les figures ont été dessinées par mon fils
George Darwin. Après la publication de mon Mémoire,
Fritz Müller envoya à la Société Linnéenne (*Journal*,
vol. IX, p. 344), sur les plantes grimpantes du Brésil méridional, quelques observations intéressantes, auxquelles
je renverrai souvent. Le docteur Hugo de Vries a publié
récemment, dans les *Arbeiten des Botanischen Instituts in Würzburg*, Heft III, 1873, deux importants Mémoires ayant trait principalement à la différence d'accroissement entre les faces supérieure et inférieure des vrilles,
ainsi qu'au mécanisme du mouvement des plantes volubiles. Ces Mémoires devront être étudiés avec soin par
tous ceux que ce sujet intéresse; car je ne puis mentionner ici que les points les plus saillants. L'excellent
observateur attribue, ainsi que le professeur Sachs[1], tous

———

[1] Une traduction anglaise du *Lehrbuch der Botanik*, par le professeur Sachs, a paru récemment (1875) sous le titre de *Text-book of
Botany*; c'est là une bonne fortune pour tous les amateurs des sciences
naturelles en Angleterre. — Une traduction française a été faite par
M. Van Tieghem et publiée par l'éditeur Savy.

les mouvements des vrilles à l'accroissement rapide d'un des côtés ; mais les raisons que j'allèguerai vers la fin de mon quatrième chapitre ne me permettent pas de considérer cette cause comme pouvant rendre compte des mouvements dus à un attouchement. Pour que le lecteur sache quels sont les points qui m'ont le plus intéressé, j'appellerai son attention sur certaines plantes pourvues de vrilles, telles que : *Bignonia capreolata*, *Cobæa*, *Echinocystis* et *Hanburya*, qui sont certainement les plus beaux exemples d'adaptation qu'on puisse trouver dans n'importe quelle partie du règne organisé. Il est également intéressant d'observer sur le même individu de *Corydalis claviculata* et sur la Vigne ordinaire des degrés intermédiaires entre des organes adaptés à des fonctions fort différentes. Ces faits démontrent d'une manière frappante le principe de l'évolution graduelle des espèces.

TABLE DES MATIÈRES

CHAPITRE IV.

PLANTES A VRILLES (*suite*).

CHAPITRE V.

PLANTES GRIMPANT A L'AIDE DE CROCHETS ET DE RADICELLES OU CRAMPONS.

LES MOUVEMENTS

ET LES HABITUDES

DES

PLANTES GRIMPANTES

CHAPITRE PREMIER.

PLANTES VOLUBILES.

Remarques préliminaires. — Description de l'enroulement du houblon. — Torsion des tiges. — Nature du mouvement révolutif et mode d'ascension. — Tiges insensibles. — Rapidité du mouvement révolutif dans diverses plantes. — Épaisseur du support autour duquel les plantes peuvent s'enrouler. — Espèces qui s'enroulent d'une manière anomale.

J'ai été conduit à m'occuper de ce sujet par un court mais intéressant mémoire du professeur Asa Gray sur les mouvements des vrilles de certaines Cucurbitacées [1]. Mes observations étaient plus qu'à moitié terminées, lorsque j'appris que le phénomène surprenant des révolutions spontanées des tiges et des vrilles des plantes grimpantes avait

[1] *Proc. Amer. Acad. of Arts and Sciences*, vol. IV. Août 12, 1858, p. 98.

été observé depuis longtemps par Palm et par Hugo von Mohl [1], et traité ensuite dans deux mémoires de Dutrochet [2]. Néanmoins je crois que mes observations, basées sur l'examen de plus d'une centaine d'espèces vivantes fort distinctes, sont assez nouvelles pour que je sois en droit de les publier.

Les plantes grimpantes peuvent être divisées en quatre classes : premièrement, celles qui s'enroulent en hélice autour d'un support sans qu'aucun autre mouvement intervienne. Secondement, celles douées d'organes sensibles qui, en touchant un objet, s'y cramponnent ; ces organes consistent en feuilles, branches ou pédoncules floraux modifiés. Mais ces deux classes arrivent parfois à se confondre insensiblement jusqu'à un certain point l'une avec l'autre. Les plantes de la troisième classe grimpent simplement à l'aide de crochets et celles de la quatrième par des radicelles : mais comme, dans ces deux dernières classes, les plantes ne présentent pas de mouvements spéciaux, elles offrent

---

[1] Ludwig H. Palm, *Ueber das Winden der Pflanzen.* — Hugo von Mohl, *Ueber den Bau und das Winden der Ranken und Schlingpflanzen*, 1827. Le traité de Palm ne fut publié que quelques semaines avant celui de Mohl. Voyez aussi *Anatomie und Physiologie der vegetabilischen Zelle*, par H. von Mohl, traduit par Henfrey, p. 147, à la fin.

[2] « Des Mouvements révolutifs spontanés, etc. » *Comptes rendus*, t. XVII (1843), p. 989 ; « Recherches sur la volubilité des tiges, etc. » *Ibid.*, t. XIX (1844), p. 295.

peu d'intérêt, et, en général, quand je parle des plantes grimpantes, je fais allusion aux deux premières classes.

Plantes volubiles.

C'est la subdivision la plus nombreuse; elle est probablement l'état le plus simple ou primordial de cette classe. Mes observations seront mieux présentées en prenant quelques exemples particuliers. Quand la tige du houblon (*Humulus Lupulus*) s'élève du sol, les deux ou trois premiers articles ou entre-nœuds formés sont droits et restent stationnaires; mais on voit celui qui leur succède se courber d'un côté, pendant qu'il est très jeune, et se diriger circulairement avec lenteur vers tous les points de l'horizon, avançant, comme les aiguilles d'une montre, avec le soleil. Le mouvement atteint bientôt sa vitesse habituelle. D'après sept observations faites au mois d'août sur des pousses provenant d'une plante qui avait été coupée et sur une autre plante en avril, la moyenne de chaque révolution, durant la saison chaude et pendant le jour, était de 2 heures 8 minutes, et cette moyenne ne variait pas beaucoup pour chacune de ces révolutions. Le mouvement révolutif continue aussi longtemps que l'accroissement de la plante, mais chaque entre-nœud séparé cesse de se mouvoir en vieillissant.

Afin de constater d'une manière plus précise la quantité de mouvement propre à chaque entre-nœud, je gardai une plante en pot, nuit et jour, dans une chambre bien chauffée où j'étais retenu par la maladie. Un long jet s'élança au delà de l'extrémité supérieure du bâton qui servait de support et s'enroula régulièrement. Je pris alors un bâton plus long et j'attachai le jet de manière à ne laisser libre qu'un très jeune entre-nœud long de 4°,4. Celui-ci était presque vertical et son mouvement révolutif ne pouvait être facilement observé; mais il avait lieu certainement et le bord de l'entre-nœud de convexe devint concave; ce qui, nous le verrons plus tard, est un signe certain du mouvement révolutif. Je suppose que la tige opéra au moins un mouvement révolutif durant les premières vingt-quatre heures; le lendemain matin de bonne heure, ayant marqué sa position, je reconnus qu'elle fit en neuf heures un second mouvement dont la dernière partie fut beaucoup plus rapide, et le troisième cercle fut achevé dans la soirée en un peu plus de trois heures. Ayant trouvé le lendemain matin que le mouvement révolutif de la tige était de 2 heures 45 minutes, j'en concluai que pendant la nuit elle avait dû en accomplir quatre, chacun avec une rapidité moyenne d'un peu plus de trois heures. Je dois ajouter que la température de la chambre ne varia que très peu. La tige avait maintenant atteint

une longueur de 9 centimètres, et portait à son extrémité un jeune entre-nœud long de $2^c,5$, qui présentait de légères variations dans sa courbure. La
révolution suivante, c'est-à-dire la neuvième, fut
achevée en 2 heures 30 minutes. A partir de ce
moment, les mouvements furent faciles à observer.
La trente-sixième révolution fut accomplie avec la
vitesse habituelle; il en fut de même de la dernière
ou trente-septième, mais elle ne fut pas complète,
car l'entre-nœud se redressa tout à coup et, se dirigeant vers l'axe du support, resta immobile. J'attachai un poids à la partie supérieure, de manière à
la courber légèrement et à être à même de découvrir
ainsi le moindre déplacement; mais il n'y en eut
aucun. Peu de temps avant que le dernier mouvement révolutif fût à moitié accompli, la partie inférieure de l'entre-nœud cessa de se mouvoir.

Quelques remarques compléteront tout ce qu'il
est nécessaire de dire sur cet entre-nœud. Il opéra
des mouvements pendant 5 jours; mais les plus rapides, après la troisième révolution, eurent une
durée de 3 jours et 20 heures. Les révolutions
régulières, depuis la neuvième jusqu'à la trente-
sixième inclusivement, s'accomplirent à raison d'une
vitesse moyenne de 2 heures 31 minutes; mais le
temps était froid, et cette circonstance modifia la
température de la chambre, particulièrement pendant la nuit, et ralentit par conséquent un peu la

vitesse du mouvement. Il y avait seulement un mouvement irrégulier, d'après lequel la tige, après une révolution extraordinairement lente, ne parcourait que le segment d'un cercle, mais avec rapidité. Après la dix-septième révolution, l'entre-nœud avait atteint une longueur de $4^c,5$ à 15 centimètres, et portait un entre-nœud de $4^c,8$ de long qu'on voyait à peine se mouvoir : celui-ci portait un dernier entre-nœud très petit. Après la vingt et unième révolution, le pénultième entre-nœud avait une longueur de $6^c,2$, et l'enroulement avait eu lieu probablement dans une période d'environ trois heures. A la vingt-septième révolution, l'entre-nœud inférieur, encore en mouvement, avait $21^c,3$, l'avant-dernier 9 centimètres, et le dernier $6^c,3$; l'inclinaison de toute la tige était telle qu'un cercle de $48^c,1$ de diamètre était décrit par elle. Quand le mouvement cessa, l'entre-nœud inférieur avait $22^c,8$, et l'avant-dernier $15^c,2$ de longueur; de sorte que, de la vingt-septième à la trente-septième révolution inclusivement, trois entre-nœuds s'enroulaient en même temps.

Quand l'entre-nœud inférieur cessa de s'enrouler, il devint vertical et rigide; mais, comme on laissait toute la tige croître sans support, elle se courba, après un certain temps, et se tint dans une position presque horizontale, les entre-nœuds supérieurs croissant toujours en s'enroulant encore à leur extrémité, mais non plus autour de l'axe du tuteur qui la supportait. Par suite du changement de position du centre de gravité de l'extrémité qui s'enroulait, un mouvement lent et léger de balancement fut imprimé à la longue tige qui se projetait horizontalement, et je pensai d'abord que ce mouvement était spontané. A mesure que la tige poussait, elle retombait de plus en plus, tandis que l'extrémité croissant et s'enroulant s'élevait davantage.

Nous avons vu dans le houblon que trois entrenœuds s'enroulaient simultanément, et c'est ce qui eut lieu dans la plupart des plantes observées par moi. Chez toutes, quand elles étaient en bonne santé, deux entre-nœuds s'enroulaient, de sorte que pendant que l'inférieur cessait de s'enrouler, le supérieur était en pleine activité, avec un entre-nœud terminal qui commençait à se mouvoir. D'autre part, chez l'*Hoya carnosa,* une tige pendante, sans aucune feuille développée, ayant une longueur de 81°,3 et composée de sept entre-nœuds (un petit entre-nœud terminal long de 2°,5 y compris), se balançait d'un côté et de l'autre continuellement, mais lentement, dans une direction semi-circulaire, pendant que les entre-nœuds extrêmes accomplissaient des révolutions complètes. Ce balancement était certainement dû au mouvement des entrenœuds inférieurs, qui cependant n'avaient pas une force suffisante pour enrouler toute la tige autour du tuteur central. Le fait suivant, observé chez une autre Asclépiadacée (*Ceropegia Gardnerii*), mérite d'être mentionné brièvement. Je laissai le sommet atteindre presque horizontalement une longueur de 79 centimètres; il se composait alors de trois longs entre-nœuds, terminés par deux courts. Le tout s'enroula suivant une direction opposée à celle du soleil (le contraire de celle du houblon), avec une vitesse de 5 heures 15 minutes à 6 heures 45 minutes pour chaque révolution. La pointe extrême décrivit ainsi un cercle de plus de 1^m,57 de diamètre et de 4^m,88 de circonférence, marchant à raison de 81 à 84 centimètres par heure. Le temps étant chaud, je laissai la plante sur ma table de travail, et c'était un intéressant spectacle d'observer la longue tige décrivant ce grand cercle, nuit et jour, à la recherche de quelque objet autour duquel elle pourrait s'enrouler.

Si on choisit un jeune plant en croissance, on peut facilement le courber successivement dans tous les sens, de manière à faire décrire à l'extrémité un cercle semblable à celui que décrirait le sommet d'une plante s'enroulant spontanément. Par suite de ce mouvement, le jeune plant n'est nullement tordu autour de son axe. Je mentionne ceci parce que si l'on marque un point noir sur l'écorce du côté le plus élevé quand le jeune plant est courbé du côté de l'observateur, ce point noir tourne insensiblement pendant que le cercle est décrit, s'abaisse vers le bord inférieur et se relève de nouveau, une fois le cercle complété. On a ainsi une fausse apparence de torsion qui, pour les plantes s'enroulant spontanément, m'a trompé pendant quelque temps, d'autant plus que les axes de presque toutes les plantes volubiles sont réellement tordus, suivant la même direction que celle du mouvement révolutif spontané. Ainsi, par exemple, l'entre-nœud de houblon, dont nous avons déjà parlé, n'était d'abord nullement tordu, comme on pouvait le voir par les bords de sa surface; mais quand, après la trente-septième révolution, il eut atteint une longueur de 22°,8 et que le mouvement révolutif eut cessé, il s'est tordu trois fois autour de son axe, dans la direction de la marche du soleil; d'un autre côté, le *Convolvulus* ordinaire, qui s'enroule dans un sens opposé au houblon, se tordit dans une direction opposée.

Il n'est donc pas surprenant que Hugo von Mohl (pages 105, 108, etc.) ait pensé que la torsion de l'axe était la cause du mouvement révolutif; mais il n'est pas possible que la torsion répétée trois fois de l'axe du houblon eût déterminé trente-sept révolutions. De plus, le mouvement révolutif commença dans le jeune entre-nœud avant qu'on pût découvrir la moindre torsion de son axe. Les entre-nœuds de jeunes *Siphomeris* et *Lecontea* s'enroulèrent pendant plusieurs jours, mais ne se tordirent qu'une seule fois autour de leurs axes. La meilleure preuve cependant que la torsion ne produit pas le mouvement révolutif est fournie par un grand nombre de plantes qui grimpent à l'aide de leurs vrilles, comme *Pisum sativum, Echinocystis lobata, Bignonia capreolata, Eceremocarpus scaber,* et à l'aide de feuilles, comme *Solanum jasminoïdes* et diverses espèces de *Clematis;* leurs entre-nœuds ne sont pas tordus, mais, comme nous le verrons plus tard, ils opèrent régulièrement des mouvements révolutifs, semblables à ceux des vraies plantes volubiles. De plus, suivant Palm (pages 30, 95), Mohl (p. 104) et Léon [1], on trouve parfois, et même cela n'est pas très rare, sur une même plante des entre-nœuds qui sont tordus dans une direction opposée aux autres entre-nœuds, ainsi qu'au sens de leur rotation. D'après Léon (p. 356), il en est ainsi pour tous les entre-nœuds d'une certaine variété de *Phaseolus multiflorus.* Les entre-nœuds qui se sont tordus autour de leurs propres axes, s'ils n'ont pas cessé leur mouvement révolutif, peuvent encore s'enrouler en hélice autour d'un support, comme je l'ai observé plusieurs fois.

Mohl avait remarqué (p. 111) que lorsqu'une tige s'enroule autour d'un tuteur très lisse, elle ne se

[1] *Bull. soc. bot. de France,* t. V (1858), p. 326.

tord pas [1]. Je fis donc grimper des haricots le long
d'une ficelle tendue et sur des baguettes polies de
fer et de verre, de 0°,84 de diamètre. Leur torsion
atteignit seulement ce degré qui résulte, comme une
nécessité mécanique, de l'enroulement. D'autre part,
les tiges qui avaient grimpé le long de bâtons ordinaires et rugueux furent toutes plus ou moins
tordues. L'influence de la rugosité du support sur
la production de la torsion de l'axe fut évidente sur
les tiges qui s'étaient enroulées autour des baguettes
de verre ; ces baguettes, en effet, étaient fixées en
bas dans des bâtons fendus, et maintenues en haut
dans des bâtons transversaux, et les tiges en passant sur ces points devenaient très tordues. Aussitôt
que les tiges qui avaient grimpé le long des baguettes
de fer atteignirent le sommet et devinrent libres,
elles se tordirent également : ce fait parut se produire plus rapidement quand le vent soufflait que
pendant un temps calme. On pourrait citer d'autres exemples qui montrent que la torsion de l'axe
a une certaine relation avec les inégalités du tuteur

[1] Tout ce sujet a été discuté et expliqué avec talent par
H. de Vries, *Arbeiten des bot. Instituts in Würzbourg,*
Heft III, pp. 331, 336. Voyez aussi Sachs, *Text book of Botany,* traduction anglaise, 1875, p. 770, et traduction française par Van Tieghem, p. 1013 ; il conclut « que la torsion
est le résultat de l'accroissement qui continue dans les couches
extérieures après avoir cessé ou commencé de cesser dans les
couches intérieures. »

ainsi qu'avec la tige s'enroulant librement sans support. Beaucoup de plantes qui ne sont pas volubiles se tordent jusqu'à un certain point autour de leurs axes [1]; mais comme ceci a lieu plus généralement et d'une manière plus marquée dans les plantes volubiles que dans les autres plantes, il doit y avoir une connexion entre la faculté de l'enroulement et celle de la torsion de l'axe. La tige gagne probablement de la rigidité en étant tordue, d'après le même principe qu'une corde fortement tordue est plus roide qu'une corde qui l'est faiblement, et la tige se trouve ainsi placée indirectement dans des conditions avantageuses pour passer sur des inégalités dans son ascension hélicoïde et pour porter son propre poids quand on la laisse s'enrouler librement [2].

[1] Le professeur Asa Gray m'a signalé, dans une lettre, que dans le *Thuya occidentalis,* la torsion de l'axe est très évidente. La torsion est en général à droite de l'observateur; mais en examinant une centaine de troncs environ, on en trouva quatre ou cinq qui étaient tordus dans une direction opposée. Le châtaignier ordinaire est souvent très tordu; un article intéressant sur ce sujet a paru dans le *Scottish Farmer,* 1865, p. 833.

[2] On sait que les tiges de beaucoup de plantes se tordent parfois en hélice d'une manière anomale; et, après la lecture de mon mémoire devant la Société linnéenne, le Dr Maxwell Masters m'écrivit « que plusieurs de ces cas, sinon tous, dépendent de quelque obstacle ou résistance à leur accroissement en hauteur. » Cette conclusion s'accorde avec ce que j'ai dit de la torsion des tiges qui se sont enroulées autour de supports rugueux, mais elle n'exclut pas l'utilité de la torsion pour la plante en donnant une plus grande rigidité à la tige.

J'ai fait allusion à la torsion qui, d'après des principes mécaniques, résulte nécessairement de l'ascension en hélice de la tige, savoir, une torsion pour chaque hélice complète. Ce fait fut bien démontré en traçant des lignes droites sur des tiges vivantes qu'on laissait s'enrouler; mais comme j'aurai à revenir sur ce sujet à propos des vrilles, je n'insiste pas davantage.

Le mouvement révolutif d'une plante volubile a été comparé à celui du sommet d'un jeune plant, dont l'observateur fixerait la base d'une main, tandis qu'avec l'autre il en ferait tourner circulairement le sommet; mais il y a une différence importante : la partie supérieure du jeune plant, mise ainsi en mouvement, reste droite; tandis que dans les plantes volubiles chaque partie de la tige enroulante a son mouvement propre et indépendant. Ceci est facile à prouver : en effet, si l'on attache à un bâton la moitié inférieure ou les deux tiers d'une longue tige volubile, la partie supérieure libre continue à s'enrouler régulièrement. Bien plus, si toute la tige est liée, excepté de 2°,5 à 5 centimètres de l'extrémité, cette partie, comme je l'ai vu pour le houblon, le *Ceropegia*, le *Convolvulus*, etc., continue aussi à s'enrouler, mais beaucoup moins vite; car les entre-nœuds se meuvent toujours lentement, jusqu'à ce qu'ils aient atteint une certaine longueur. Si l'on examine le premier, le second ou plusieurs entre-nœuds d'une tige enroulante, on verra qu'ils sont tous plus ou moins arqués, soit pendant la totalité, soit pendant une partie considérable de chaque révolution. Si maintenant (comme cela a été fait chez un grand nombre de plantes volubiles) on trace une raie colorée le long, par exemple, de la surface convexe, on trouve, au bout d'un certain temps dépendant de la rapidité du mouvement révolutif, que la raie marche sur une face latérale de l'arc, puis le long de la face concave, puis sur la face latérale de l'autre côté, et enfin de nouveau sur la face convexe. Cela prouve clairement que, pendant le mouvement révolutif, les entre-nœuds se courbent dans toutes les directions. Le mouvement est en réalité une courbure continuelle de toute la tige dirigée successivement vers tous les points de l'horizon, et il a été bien désigné par Sachs sous le nom de *nutation révolutive*.

Ce mouvement étant assez difficile à comprendre, nous croyons devoir donner un exemple. Prenez un jeune plant, courbez-le vers le sud et tracez une ligne noire sur la surface convexe; laissez-le pousser et courbez-le vers l'est, vous verrez la ligne noire courir le long de la face latérale qui regarde le nord; courbez-le du côté du nord, la ligne noire sera sur la surface concave. Si on le courbe vers l'ouest, la ligne sera encore sur la face latérale, et si c'est vers le sud, la ligne sera de nouveau sur la

surface primitivement convexe. Maintenant, au lieu
de courber le jeune plant, supposons que les cellules
le long de sa surface exposée au nord depuis la
base jusqu'au sommet viennent à s'accroître beaucoup plus rapidement que sur les trois autres surfaces, toute la tige se courbera nécessairement vers
le sud. Supposons encore que la surface qui s'accroît
longitudinalement tourne autour de la tige, aban-
donnant peu à peu le côté nord et empiétant sur le
côté ouest, puis venant au sud, à l'est et de nouveau vers le nord : dans ce cas, la tige restera
toujours courbée avec la ligne tracée apparaissant
sur les diverses faces qui viennent d'être men-
tionnées et la pointe de la tige se sera dirigée successivement vers chaque point de l'horizon. En réalité,
nous aurons exactement le genre de mouvement
opéré par les tiges enroulantes des plantes volubiles [1].

Il ne faut pas se figurer que le mouvement révolutif soit aussi régulier que celui décrit dans les
exemples précédents. Dans un très grand nombre
de cas, le sommet trace une ellipse, même une
ellipse très étroite. Revenons encore une fois à notre
exemple. Si nous supposons seulement que les sur-

---

[1] L'idée que le mouvement révolutif ou nutation des tiges
des plantes volubiles serait dû à l'accroissement est celle qui a
été émise par Sachs et H. de Vries; leurs excellentes observations en démontrent l'exactitude.

faces du jeune plant exposées au nord et au midi s'accroissent alternativement avec rapidité, le sommet décrira un simple arc de cercle; si l'accroissement se propageait d'abord très peu vers la face ouest, et pendant le retour vers la face est, une ellipse étroite serait décrite et le jeune plant serait vertical dans l'espace intermédiaire. On observe souvent un complet redressement de la tige dans les plantes enroulantes : fréquemment ce mouvement est tel que trois des bords de la tige semblent croître régulièrement avec plus de rapidité que le quatrième, de sorte qu'un demi-cercle, au lieu d'un cercle, est décrit, la tige étant rectiligne et verticale pendant la moitié de sa course.

Quand une tige volubile se compose de plusieurs entre-nœuds, les inférieurs se courbent ensemble avec la même vitesse, seulement un ou deux des terminaux se courbent plus lentement; il en résulte parfois que tous les entre-nœuds sont dans la même direction et d'autres fois que la tige est légèrement ondulée. La vitesse de la révolution de toute la tige, si l'on en juge par le mouvement de l'extrémité, est ainsi parfois accélérée ou retardée. Un autre point mérite d'être noté. Des auteurs ont constaté que, chez beaucoup de plantes volubiles, l'extrémité de la tige a la forme d'un crochet; ce fait est très général, par exemple pour les *Asclépiadacées*. Dans tous les cas observés par moi (dans les *Ceropegia, Sphaerostema, Clerodendron, Wistaria, Stephania, Akebia* et *Siphomeris*), l'extrémité crochue a exactement le même mode de mouvement que les autres entre-nœuds; car une ligne tracée sur la surface convexe passe d'abord à une face latérale et puis à la face concave; mais, vu la jeunesse de ces entre-nœuds terminaux, le renversement du crochet s'opère plus lentement que celui du mouvement révolutif[1]. Cette tendance fortement marquée dans les entre-nœuds jeunes, terminaux et flexibles à se courber à un degré plus grand ou plus brusquement que les autres entre-nœuds, est utile à la plante; car non seulement le crochet ainsi formé sert quelquefois à saisir le support, mais (et ceci semble être beaucoup plus important) il force l'extrémité de la tige à embrasser bien plus étroitement le support qu'il ne l'aurait fait autrement, et peut ainsi préserver la tige contre le vent, comme je l'ai observé bien souvent. Dans le *Lonicera brachypoda,* le crochet ne se redresse que périodiquement, mais ne se renverse jamais. Je n'affirmerai pas que les extrémités de toutes les plantes volubiles, quand elles sont munies d'un crochet, se

[1] Le mécanisme par lequel l'extrémité de la tige reste crochue paraît être un problème difficile et complexe, discuté par le Dr H. de Vries (*ibid.*, p. 337); il conclut « que ce mécanisme dépend de la relation entre la rapidité de la torsion et la rapidité de la nutation. »

renversent elles-mêmes ou deviennent périodiquement droites de la manière que je viens de décrire ; car la forme crochue peut, dans quelques cas, être permanente et dépendre du mode d'accroissement de l'espèce, comme pour l'extrémité des pousses de la vigne ordinaire, et d'une manière plus évidente pour celles du *Cissus discolor,* qui ne sont pas des plantes volubiles.

Le premier résultat du mouvement révolutif spontané, ou pour parler plus exactement du mouvement continu de courbure dirigé successivement vers tous les points de l'horizon, est, comme Mohl l'a remarqué, d'aider la tige à trouver un support. Ceci est admirablement effectué par les révolutions qui ont lieu nuit et jour, un cercle de plus en plus grand étant décrit à mesure que la tige augmente de longueur. Ce mouvement explique également comment les plantes s'enroulent en hélice, car lorsqu'une tige enroulante rencontre un tuteur, son mouvement est nécessairement arrêté au point de contact, mais la partie libre qui se projette continue son mouvement révolutif. Ce mouvement continuant, des points de plus en plus élevés de la tige sont mis en contact avec le support et arrêtés ; ainsi de suite jusqu'à l'extrémité : de cette manière la tige s'enroule en hélice autour de son support. Quand la tige suit le soleil dans sa marche révolutive, elle s'enroule autour du support de droite à gauche,

le tuteur étant supposé placé devant l'observateur ;
quand la tige s'enroule dans une direction opposée,
le sens de l'enroulement en hélice est renversé. De
même que chaque entre-nœud perd avec l'âge la
faculté de s'enrouler, il perd également celle de se
contourner en hélice. Si un homme fait tourner en
fronde une corde autour de sa tête et que l'extrémité atteigne un bâton, elle s'enroulera autour du
bâton, suivant la direction du mouvement de rotation. Il en est de même pour une plante volubile :
une ligne d'accroissement se propageant autour de
la partie libre de la tige la fait courber du côté
opposé, et ceci remplace le mouvement de l'extrémité
libre de la corde.

Tous les auteurs qui, Palm et Mohl exceptés, ont
discuté la faculté d'enroulement des plantes, main-
tiennent qu'elles ont une tendance à croître en hélice.
Mohl pense (p. 112) que les tiges volubiles possèdent
une espèce particulière d'irritabilité sourde, de sorte
qu'elles se courbent vers tout objet qu'elles touchent ;
mais ce fait est nié par Palm. Avant même de lire
l'intéressant mémoire de Mohl, cette manière de
voir me semblait si probable que je l'expérimentai
de toutes façons, mais toujours avec un résultat
négatif. Je frottai un grand nombre de tiges beaucoup plus fortement que cela n'est nécessaire pour
exciter un mouvement dans une vrille ou dans le
pétiole d'une plante grimpant à l'aide de ses feuilles,

mais sans résultat. J'attachai alors une légère petite branche fourchue à une tige de houblon, à celle d'un *Ceropegia*, d'un *Sphærostema* et d'un *Adhatoda*, de sorte que la fourche pressât la tige d'un seul côté et s'enroulât avec elle : je choisis à dessein quelques plantes très lentes à s'enrouler, car il me semblait très probable que celles-ci profiteraient davantage de l'irritabilité qu'elles possèdent; mais dans aucun cas il n'y eut d'effet produit[1]. De plus, quand une tige s'enroule autour d'un support, le mouvement d'enroulement est toujours plus lent, comme nous allons le voir immédiatement, que lorsqu'elle s'enroule librement sans rien toucher : d'où je conclus que les tiges volubiles ne sont pas irritables, et, en effet, il n'est pas probable qu'elles puissent l'être, car la nature économise toujours ses moyens, et l'irritabilité aurait été superflue. Néanmoins, je ne veux pas affirmer que les tiges volubiles ne sont jamais irritables, car l'axe de végétation du *Lophospermum scandens*, plante grimpant à l'aide de ses feuilles, quoique non volubile, l'est certainement. Ce fait me porte à croire que les plantes volubiles ordinaires ne possèdent pas cette qualité :

[1] Le Dr H. de Vries a aussi montré (*ibid.*, p. 321 et 325), par une méthode meilleure que la mienne, que les tiges des plantes volubiles ne sont pas irritables et que la cause qui détermine leur enroulement autour d'un support est exactement celle que j'ai mentionnée.

en effet, immédiatement après avoir appliqué un bâton au *Lophospermum,* je vis qu'il se comportait autrement qu'une vraie plante volubile ou toute autre plante grimpant à l'aide de ses feuilles [1].

L'opinion que les plantes volubiles ont une tendance naturelle à croître en hélice est due probablement à ce qu'elles prennent une forme hélicoïde en s'enroulant autour d'un support et à ce que leur extrémité, même tout en restant libre, affecte parfois cette forme. Quand les entre-nœuds libres des plantes se développant vigoureusement cessent de s'enrouler, ils deviennent droits et ne montrent aucune tendance à l'hélice; mais quand la tige a presque cessé de croître ou si la plante est maladive, l'extrémité se contourne parfois en spirale. C'est ce que j'ai vu d'une manière remarquable pour les extrémités des tiges du *Stauntonia* et de son allié l'*Akebia,* qui se contournèrent en une spire serrée, exactement comme une vrille, et ce fait pouvait se produire après le dépérissement de quelques feuilles petites et mal formées. En voici, je crois, l'explication : dans ce cas, les parties inférieures des entre-nœuds terminaux perdent insensiblement et successivement leur faculté de mouvement, tandis que les portions immédiatement au-dessus continuent à se mouvoir en avant, et à leur tour deviennent

[1] Le Dr H. de Vries dit (*ibid.*, p. 322) que la tige de la *Cuscute* est irritable comme une vrille.

immobiles, ce qui aboutit à la formation d'une spire irrégulière.

Quand une tige enroulante atteint un bâton, elle se contourne en hélice un peu plus lentement qu'elle ne s'enroule. Par exemple, une tige de *Ceropegia* s'enroula en 6 heures, mais elle mit 9 heures et 30 minutes à accomplir une hélice complète autour d'un bâton. L'*Aristolochia gigas* opérait un mouvement révolutif en 5 heures environ et mettait 9 heures 15 minutes à compléter son hélice. Ce qui est dû, je présume, à l'arrêt du mouvement de la force impulsive sur différents points, et nous verrons plus tard que même une secousse imprimée à une plante retarde le mouvement révolutif. Les entrenœuds terminaux d'une tige enroulante de *Ceropegia*, longue et fortement inclinée, après avoir contourné un bâton en hélice, glissaient toujours en haut, de manière à rendre les spires de l'hélice plus écartées qu'elles ne l'étaient d'abord. Ceci tenait probablement à ce que la force qui déterminait les mouvements révolutifs agissait librement, n'ayant presque plus à lutter contre la pesanteur. Chez le *Wistaria*, d'autre part, une longue tige horizontale se contourna d'abord en une hélice très serrée qui resta sans changement; mais plus tard, la tige se contournant le long de son support, elle fit une hélice beaucoup moins serrée. Dans les nombreuses plantes qu'on laissa grimper librement autour d'un support, les entre-nœuds terminaux décrivirent d'abord une hélice serrée qui, pendant que le vent soufflait, servait à maintenir les tiges étroitement serrées contre leur support; mais au fur et à mesure que les pénultièmes entre-nœuds augmentaient de longueur, ils se poussaient en haut autour du bâton, en occupant un espace considérable (vérifié au moyen de marques colorées sur la tige et sur le support) et la spire devenait moins serrée [1].

Il résulte de ce dernier fait que la position occupée par chaque feuille, relativement au support, dépend de l'accroissement des entre-nœuds après leur enroulement en spirale autour de lui. Je mentionne ceci à cause d'une observation de Palm (p. 34), qui déclare que les feuilles opposées du houblon sont toujours disposées en rangée, et exactement superposées l'une à l'autre, du même côté du tuteur, quelle que soit son épaisseur. Mes fils visitèrent pour moi un champ de houblon et me rapportèrent que, bien qu'ils eussent trouvé en général les points d'insertion des feuilles au-dessus l'un de l'autre sur une hauteur de 60 à 90 centimètres, cependant cela n'avait jamais lieu sur toute la longueur de la perche, les points d'insertion formant, comme on devait s'y attendre, une hélice irrégulière. Toute irrégularité dans la perche détruit entièrement la régularité de

---

[1] Voyez Dʳ H. de Vries (*ibid.*, p. 324) sur ce sujet.

la position des feuilles. Il m'avait semblé voir en passant que les feuilles opposées du *Thunbergia alata* étaient disposées en lignes sur les tuteurs autour desquels elles s'étaient enroulées : j'élevai donc une douzaine de plantes et leur donnai des tuteurs de diverses épaisseurs, ainsi que de la ficelle pour s'enrouler ; et, dans ce cas, une seule sur les douze eut ses feuilles disposées suivant une ligne verticale : je conclus par conséquent que l'observation de Palm n'est pas tout à fait exacte.

. Les feuilles des différentes plantes volubiles, avant qu'elles se contournent, sont alternes, opposées ou disposées en hélice sur la tige. Dans ce dernier cas, la ligne d'insertion des feuilles et la direction des révolutions coïncident. Ce fait a été bien démontré par Dutrochet [1], qui trouva que différents individus de *Solanum dulcamara* s'enroulaient en spirale dans des directions opposées, et, dans chaque cas, les feuilles étaient disposées en spirale dans la même direction. Un épais verticille de plusieurs feuilles gênerait sans doute une plante volubile, et plusieurs auteurs affirment que cette disposition n'existe chez aucune d'elles ; cependant un *Siphomeris* volubile a des verticilles de trois feuilles.

Si l'on retire subitement un bâton qui a arrêté une tige enroulante, mais qui n'a pas été encore

---

[1] *Comptes rendus,* t. XIX (1844), p. 295, et *Annales des Sciences naturelles,* 3ᵉ série, *Bot.,* t. II, p. 163.

complètement entouré, la tige en général s'élance
en avant; ce qui démontre qu'elle pressait avec une
certaine force contre le bâton. Si l'on enlève un
bâton autour duquel la tige s'est enroulée en spirale,
celle-ci conserve pendant quelque temps sa forme
spiralée, puis se redresse et commence de nouveau
son mouvement révolutif. La tige longue, très
inclinée du *Ceropegia,* dont nous avons déjà parlé,
offrit quelques particularités curieuses. Les entre-
nœuds inférieurs et plus anciens qui continuaient
le mouvement révolutif étaient incapables, après
des essais répétés, de s'enrouler en spirale autour
d'un mince bâton; ce qui montre que le pouvoir
moteur, quoique conservé, n'était pas suffisant pour
permettre à la plante de s'enrouler. Je déplaçai
alors le bâton à une plus grande distance, de manière
à ce qu'il fût atteint par un point situé à 6°,3 de
l'extrémité du pénultième entre-nœud; il fut alors
complètement entouré par cette partie du pénultième
entre-nœud, ainsi que par le dernier. Après avoir
laissé la tige enroulée en spirale pendant 11 heures,
je retirai doucement le bâton, et, dans le courant
de la journée, la portion contournée se redressa et
recommença le mouvement révolutif; mais la portion inférieure et non contournée du pénultième
entre-nœud ne fit aucun mouvement, un point d'arrêt
séparant la partie qui se mouvait de la partie immobile du même entre-nœud. Au bout de quelques

jours cependant, je trouvai que cette partie inférieure avait également recouvré sa faculté d'enroulement. Ces différents faits montrent que le
pouvoir moteur n'est pas immédiatement perdu
dans la portion arrêtée d'une tige enroulante et
qu'il peut être recouvré après avoir été perdu temporairement. Quand une tige est restée longtemps
autour d'un support, elle conserve sa forme en
hélice, même quand le tuteur est enlevé.

Si on plaçait un long bâton de manière à arrêter
les entre-nœuds inférieurs et rigides du *Ceropegia,*
à la distance d'abord de 38 centimètres, et puis de
53 centimètres à partir du centre de révolution, la
tige droite se glissait lentement et insensiblement
le long du bâton, de manière à devenir de plus en
plus redressée, mais elle ne dépassait jamais le
sommet. Alors, après un intervalle suffisant pour
accomplir une demi-révolution, la tige s'éloigna
subitement du bâton, tomba du côté opposé et reprit sa légère inclinaison première. Elle recommença ensuite son mouvement révolutif, en sorte
qu'après une demi-révolution, elle vint de nouveau
en contact avec le bâton, se glissa encore en haut,
s'écarta de nouveau et tomba du côté opposé. Ce
mouvement de la tige avait une apparence très
étrange, comme si elle était dégoûtée de son échec,
mais bien résolue à essayer de nouveau. Nous com-
prendrons, je crois, ce mouvement en considérant

l'exemple cité plus haut du jeune plant dans lequel on supposait la surface d'accroissement rampant tout autour, en se dirigeant à partir du côté du nord vers celui du midi en passant par l'ouest, et puis revenant à celui du nord par l'est, en courbant successivement la jeune tige dans toutes les directions. Maintenant, quant au *Ceropegia,* le bâton étant placé au sud de la tige et en contact avec elle, dès que l'accroissement circulaire atteignit la surface ouest, il n'y eut pas d'effet produit, si ce n'est que la tige était fortement pressée contre le bâton : mais aussitôt que l'accroissement sur la surface sud commença, la tige était traînée lentement avec un mouvement de glissement le long du bâton; et ensuite, dès que l'accroissement du côté de l'est commença, la tige était écartée du bâton et son poids, coïncidant avec les effets de changement de surface de croissance, la faisait tomber subitement du côté opposé, en reprenant sa légère inclinaison première, et le mouvement de révolution ordinaire continuait comme auparavant. J'ai décrit avec quelque soin ce cas curieux, car c'est lui qui m'a conduit tout d'abord à comprendre l'ordre dans lequel, comme je le pensais alors, les surfaces se contractaient, mais suivant lequel, nous le savons aujourd'hui, d'après Sachs et H. de Vries, elles croissent pendant un temps avec rapidité, faisant ainsi courber la tige vers le côté opposé.

Cette manière de voir explique en outre, je crois, un fait observé par Mohl (p. 135), savoir, qu'une tige, quoique s'enroulant autour d'un objet aussi mince qu'un fil, ne peut pas le faire autour d'un gros support. Je plaçai quelques longues tiges enroulantes d'un *Wistaria* près d'un poteau de 13 centimètres à 18 centimètres de diamètre, mais, quoique aidées par moi de diverses façons, elles ne le contournèrent pas en hélice. Ceci était dû sans doute à la courbure de la tige qui, en s'enroulant autour d'un objet aussi peu courbe que ce poteau, n'était pas suffisante pour maintenir la tige en place, lorsque la surface de croissance gagnait autour de la surface opposée de la pousse ; il en résultait que la tige était écartée de son support à chaque révolution.

Quand une tige libre s'est développée bien loin de son support, elle s'abaisse par suite de son poids (comme cela a été déjà expliqué pour le houblon) avec l'extrémité enroulante tournée en haut. Si le tuteur n'est pas élevé, la tige tombe à terre, y reste, et l'extrémité seule s'élève. Parfois quelques tiges, quand elles sont flexibles, s'enroulent ensemble comme un câble et se soutiennent ainsi les unes les autres. Des tiges pendantes isolées, minces comme celle du *Sollya Drummondii,* tourneront brusquement en arrière et s'enrouleront sur elles-mêmes. Cependant le plus grand nombre des tiges pendantes d'une plante volubile, le *Hibbertia dentata*, ne présentait qu'une légère tendance à se redresser. Dans d'autres cas, comme chez le *Cryptostegia grandiflora*, plusieurs entre-nœuds qui étaient d'abord flexibles et enroulés, s'ils ne parvenaient pas à contourner le support, devenaient tout à fait rigides, et, se tenant debout, portaient à leurs extrémités les plus jeunes entre-nœuds qui s'enroulaient.

Nous croyons devoir donner ici un tableau montrant la direction et la vitesse de mouvement de plusieurs plantes volubiles, en y ajoutant quelques remarques. Ces plantes sont disposées suivant le Règne végétal de 1853, de Lindley, et elles ont été choisies dans les différents groupes naturels, pour montrer que toutes les espèces se comportent d'une manière presque uniforme [1].

[1] Je suis très reconnaissant à M. le Dʳ Hooker de m'avoir envoyé de Kew un grand nombre de plantes, et à M. Veitch, de la pépinière exotique royale, de m'avoir généreusement donné une collection de beaux spécimens de plantes grimpantes. Le Prof. Asa Gray, le Prof. Oliver et le Dʳ Hooker m'ont fourni, comme précédemment, une foule de renseignements et d'indications utiles.

VITESSE DE RÉVOLUTION

DE DIVERSES PLANTES VOLUBILES.

Acotylédones.

Lygodium scandens (Polypodiaceæ) se meut en sens inverse du soleil.

18 juin, 1re révolution fut accomplie en 6^h 0^m
18 — 2e — — 6 15 (tard dans la soirée)
19 — 3e — — 5 32 (jour très chaud)
19 — 4e — — 5 0 (jour très chaud)
20 — 5e — — 6 0

Lygodium articulatum se meut en sens inverse du soleil.

19 juillet, 1re révolution fut accomplie en 16^{h}30^m (pousse très jeune)
20 — 2e — — 15 0
21 — 3e — — 8 0
22 — 4e — — 10 30

Monocotylédones.

Ruscus androgynus (Liliaceæ), placé dans la serre chaude, se meut en sens inverse du soleil.

24 mai, 1re révolution fut accomplie en 6^{h}14^m (pousse très jeune)
25 — 2e — — 2 21
25 — 3e — — 3 27
25 — 4e — — 3 22
26 — 5e — — 2 50
27 — 6e — — 3 52
27 — 7e — — 4 11

Asparagus (espèce innomée de Kew) (Liliaceæ) se meut en sens inverse du soleil, placé en serre chaude.

    26 décembre, 1re révolution fut accomplie en 5^h 0^m
    27   —   2e —   —   5 40

Tamus communis (Dioscoreaceæ). Une jeune pousse d'un tubercule dans un pot placé dans l'orangerie; suit le soleil.

    7 juillet, 1re révolution fut accomplie en 3^{h}10^m
    7   —   2e —   —   2 38
    8   —   3e —   —   3 5
    8   —   4e —   —   2 56
    8   —   5e —   —   2 30
    8   —   6e —   —   2 30

Lapagerea rosea (Philesiaceæ), dans l'orangerie, suit le soleil.

    9 mars, 1re révolution fut accomplie en 26^{h}15^m (pousse jeune)
    10 —   demi-révolution   —   8 15
    11 —   2e révolution   —   11 0
    12 —   3e —   —   15 30
    13 —   4e —   —   14 15
    16 —   5e —   —   8 40 quand elle fut
        mise dans la serre chaude; mais le jour suivant la
        pousse resta stationnaire.

Roxburghia viridiflora (Roxburghiaceæ) se meut en sens inverse du soleil; elle décrivit une révolution en 24 heures environ.

Dicotylédones.

Humulus Lupulus (Urticaceæ) suit le soleil. La plante fut gardée dans une chambre quand le temps était chaud.

9 avril, 2 révolutions furent accomplies en 4^{h}16^m				
13 août, 3e révolution en		—	2	0
14 — 4^e	—	—	2	20
14 — 5^e	—	—	2	16
14 — 6^e	—	—	2	2
14 — 7^e	—	—	2	0
14 — 8^e	—	—	2	4

Chez le houblon, une demi-révolution fut accomplie en 1 heure 33 minutes, s'il s'éloignait de la lumière, et en 1 heure 13 minutes, s'il s'en rapprochait; différence de vitesse, 20 minutes.

Akebia quinata (Lardizabalaceæ), placé en serre chaude, se meut en sens inverse du soleil.

17 mars, 1re révolution fut accomplie en 4^h 0^m (jeune pousse)				
18 — 2^e	—	—	1	40
18 — 3^e	—	—	1	30
19 — 4^e	—	—	1	45

Stauntonia latifolia (Lardizabalaceæ), placé en serre chaude, se meut en sens inverse du soleil.

28 mars, 1re révolution fut accomplie en 3^{h}30^m			
29 — 2^e	—	—	3 45

Sphœrostema marmoratum (Schizandraceæ) suit le soleil.

5 août, 1re révolution fut accomplie à peu près en 24^h ·0^m
5 —   2e révolution fut accomplie en   18 30

Stephania rotunda (Menispermaceæ) se meut en sens inverse du soleil.

27 mai, 1re révolution fut accomplie en 5^h 5^m
30 — 2e   —   —   7 6
 2 juin, 3e   —   —   5 15
 3 — 4e   —   —   6 38

Thryallis brachystachis (Malpighiaceæ) se meut en sens inverse du soleil; une pousse accomplit une révolution en 12 heures, et une autre en 10 heures 30 minutes; mais le jour suivant, qui était beaucoup plus froid, la première pousse mit 10 heures à décrire seulement un demi-cercle.

Hibbertia dentata (Dilleniaceæ); placée dans la serre chaude, la tige suivit le soleil et accomplit (le 18 mai) une révolution en 7 heures 20 minutes; le 19, elle renversa sa direction, tourna en sens inverse du soleil et accomplit une révolution en 7 heures; le 20, elle tourna en sens inverse du soleil d'un tiers de cercle et s'arrêta; le 26, elle suivit le soleil de deux tiers de cercle et revint alors à son point de départ, mettant, pour accomplir ce double mouvement, 11 heures 46 minutes.

Sollya Drummondii (Pittosporaceæ) se meut en sens inverse du soleil; gardé dans l'orangerie.

```
4 avril, 1re révolution fut accomplie en 4h 25m
5   —  2e       —           —      8  0 (jour très froid)
6   —  3e       —           —      6 25
7   —  4e       —           —      7  5
```

Polygonum dumetorum (Polygonaceæ). Cette observation est empruntée à Dutrochet (p. 299), car je n'ai pas observé de plantes des familles voisines; suit le soleil. Trois tiges coupées et plongées dans l'eau accomplirent des révolutions en 3 heures 10 minutes, 5 heures 20 minutes et 7 heures 15 minutes.

Wistaria chinensis (Leguminosæ), dans l'orangerie, se meut en sens inverse du soleil.

```
13 mai, 1re révolution fut accomplie en 3h 5m
13   —  2e       —           —      3 20
16   —  3e       —           —      2  5
24   —  4e       —           —      3 21
25   —  5e       —           —      2 37
25   —  6e       —           —      2 35
```

Phaseolus vulgaris (Leguminosæ) se meut en sens inverse du soleil.

```
Mai, 1re révolution fut accomplie en 2h 0m
 —  2e       —           —      1 55
 —  3e       —           —      1 55
```

Dipladenia urophylla (Apocynaceæ) se meut en sens inverse du soleil.

18 avril, 1re révolution fut accomplie en 8^h 0^m
19 — 2e — — 9 15
30 — 3e — — 9 40

Dipladenia crassinoda se meut en sens inverse du soleil.

16 mai, 1re révolution fut accomplie en 9^h 5^m
20 juillet, 2e — — 8 0
21 — 3e — — 8 5

Ceropegia Gardnerii (Asclepiadaceæ) se meut en sens inverse du soleil.

Tige très jeune, ayant 5^c,08 de longueur . . . . 1re révolution fut accomplie en 7^h55^m
Tige encore jeune. . . . . . . 2e — — 7 0
Longue tige . . . . 3e — — 6 33
Longue tige . . . . 4e — — 5 15
Longue tige . . . . 5e — — 6 45

Stephanotis floribunda (Asclepiadaceæ) se meut en sens inverse du soleil; accomplit une révolution en 6 heures 40 minutes, et une seconde en 9 heures environ.

Hoya carnosa (Asclepiadaceæ) a opéré plusieurs révolutions dans un espace de temps variant entre 16 heures, 22 heures ou 24 heures.

Ipomœa purpurea (Convolvulaceæ) se meut en

sens inverse du soleil. Plante placée dans une chambre avec la lumière venant de côté.

1re révolution fut accomplie en 2ʰ42ᵐ { Demi-révolution en s'éloignant de la lumière dans 1 h. 14 m.; en s'en rapprochant dans 1 h. 28 m.; différence, 14 m.

2e révolution fut accomplie en 2ʰ47ᵐ { Demi-révolution en s'éloignant de la lumière dans 1 h. 17 m.; en s'en rapprochant dans 1 h. 30 m.; différence, 13 m.

Ipomœa jucunda (Convolvulaceæ) se meut en sens inverse du soleil, placé dans mon cabinet avec des fenêtres faisant face au nord-est. Temps chaud.

1re révolution fut accomplie en 5ʰ30ᵐ { Demi-révolution en s'éloignant de la lumière dans 4 h. 30 m.; en s'en rapprochant dans 1 h.; différence, 3 h. 30 m.

2e révolution fut accomplie en 5ʰ20ᵐ (tard dans l'après-midi) : révolution accomplie à 6 heures 40 m. du soir. { Demi-révolution en s'éloignant de la lumière dans 3 h. 50 m.; en s'en rapprochant dans 1 h. 30 m.; différence, 2 h. 20 m.

Nous avons ici un exemple remarquable de l'action de la lumière pour retarder ou hâter le mouvement de révolution.

Convolvulus sepium (variété cultivée, à grandes fleurs) se meut en sens inverse du soleil. Deux révolutions furent accomplies chacune en 1 heure 42 minutes; différence de la demi-révolution en s'éloignant ou en se rapprochant de la lumière, 14 minutes.

Rivea tiliœfolia (Convolvulaceæ) se meut en sens inverse du soleil; accomplit quatre révolutions en 9 heures, de sorte qu'en moyenne chacune d'elles fut achevée en 2 heures 15 minutes.

Plumbago rosea (Plumbaginaceæ) suit le soleil. La tige ne commença à s'enrouler qu'après avoir atteint presque un mètre de hauteur; elle accomplit alors une belle révolution en 10 heures 45 minutes. Pendant les quelques jours suivants, elle continua à se mouvoir, mais d'une manière irrégulière. Le 15 août, la tige suivit, pendant 10 heures 40 minutes, une longue direction en zigzag et forma alors une grande ellipse. La figure représentait en apparence trois ellipses, décrites chacune en moyenne en 3 heures 33 minutes.

Jasminum pauciflorum. Bentham (Jasminaceæ) se meut en sens inverse du soleil Une révolution fut accomplie en 7 heures 15 minutes, et une seconde un peu plus vite.

Clerodendrum Thomsonii (Verbenaceæ) suit le soleil.

12 avril, 1ʳᵒ révolution fut accomplie en 5ʰ 45ᵐ (pousse très jeune).
14 — 2ᵉ — — 3 30
18 — une demi-révolution — 5 0 } Immédiatement après que la plante a été secouée en la déplaçant.
19 — 3ᵉ révolution — 3 0
20 — 4ᵉ — — 4 20

Tecoma jasminoides (Bignoniaceæ) se meut en sens inverse du soleil.

17 mars, 1re révolution fut accomplie en 6^h30^m
19 — 2e   —   —   7 0
22 — 3e   —   —   8 30 (jour très froid)
24 — 4e   —   —   6 45

Thunbergia alata (Acanthaceæ) se meut en sens inverse du soleil.

14 avril, 1re révolution fut accomplie en 3^h20^m
18 — 2e   —   —   2 50
18 — 3e   —   —   2 55
18 — 4e   —   —   3 55 (tard dans l'après-midi).

Adhadota cydonœfolia (Acanthaceæ) suit le soleil. Une jeune tige décrivit un demi-cercle en 24 heures; plus tard, elle acheva un cercle entre 40 et 48 heures. Une autre tige cependant accomplit un cercle en 26 heures 30 minutes.

Mikania scandens (Compositæ) se meut en sens inverse du soleil.

14 mars, 1re révolution fut accomplie en 3^h10^m
15 — 2e   —   —   3 0
16 — 3e   —   —   3 0
17 — 4e   —   —   3 33
 7 avril, 5e   —   —   2 50

 7 — 6e   —   —   2 40 } Cette révolution fut accomplie après un arrosement abondant avec de l'eau froide à 8°,33 centigr.

Combretum argenteum (Combretaceæ) se meut en sens inverse du soleil; gardé en serre chaude.

24 janv., 1re révolution fut accomplie en 2^{h}55 ⎫ De grand matin, quand la température de la maison s'était un peu abaissée.

24 — 2 révolutions, chacune avec une moyenne de . . . . . . ⎫ 2 20

25 — 4e révolution fut accomplie en 2 25

Combretum purpureum n'accomplit pas son mouvement de révolution aussi vite que le *Combretum argenteum*.

Loasa aurantiaca (Loasaceæ). Révolutions variables dans leur vitesse; plante qui se meut en sens inverse du soleil.

20 juin,	1re révolution fut accomplie en			2^{h}37^m
20 —	2°	—	—	2 13
20 —	3^e	—	—	4 0
21 —	4^e	—	—	2 35
22 —	5^e	—	—	3 26
23 —	6^e	—	—	3 5

Autre plante qui suivait le soleil dans ses révolutions.

11 juillet,	1re révolution fut accomplie en			1^{h}51	⎫
11 —	2^e	—	—	1 46	Jour très chaud.
11 —	3^e	—	—	1 41	
11 —	4°	—	—	1 48	
12 —	5°	—	—	2 35	

Scyphantus elegans (Loasaceæ) suit le soleil.

13 juin, 1re révolution fut accomplie en 1h 45m
13 — 2e — — 1 17
14 — 3e — — 1 36
14 — 4e — — 1 59
14 — 5e — — 2 3

Siphomeris ou *Lecontea* (espèce innomée) (Cinchonaceæ) suit le soleil.

25 mai, demi-révolution fut accomplie en 10h 27m (tige extrêmement jeune)
26 — 2e révolution — 10 15 (tige encore jeune)
30 — 2e — — 8 55
2 juin, 3e — — 8 11
6 — 4e — — 6 8
8 — 5e — — 7 20 } Enlevée de la serre chaude et placée dans une chambre de ma maison.
9 — 6e — — 8 36

Manettia bicolor (Cinchonaceæ), jeune plante, suit le soleil.

7 juillet, 1re révolution fut accomplie en 6h 18m
8 — 2e — — 6 53
9 — 3e — — 6 30

Lonicera brachypoda (Caprifoliaceæ) suit le soleil, gardé dans une chambre chaude de la maison.

Avril, 1re révolution fut accomplie en 9h 10m (environ)
— 2e — — 12 20 } Un autre jet très jeune de la même plante.
— 3e — — 7 30
— 4e — — 8 0 } Dans cette dernière révolution, le demi-cercle s'éloignant de la lumière fut décrit en 5 h. 23 m., et celui décrit en se rapprochant de la lumière en 2 h. 37 m.; différence, 2 h. 46 m.

Aristolochia gigas (Aristolochiaceæ) se meut en sens inverse du soleil.

22 juillet, 1ʳᵉ révolution fut accomplie en 8ʰ 0ᵐ (tige assez jeune)
23 —   2ᵉ   —   —   7 15
24 —   3ᵉ   —   —   5 0 (environ)

Dans le tableau précédent, qui comprend des plantes volubiles appartenant à des ordres très divers, nous voyons que la vitesse avec laquelle l'accroissement se propage ou circule autour de l'axe (vitesse d'où dépend le mouvement révolutif) offre de très grandes différences. Tant qu'une plante reste dans les mêmes conditions, souvent le mouvement est remarquablement uniforme, comme chez le *Houblon*, le *Mikania*, le *Phaseolus*, etc. Le *Scyphantus* accomplit une révolution en 1 heure 17 minutes; c'est le maximum de vitesse que j'ai observé; mais nous verrons plus tard une Passiflore pourvue de vrilles s'enrouler plus rapidement encore. Une pousse de l'*Akebia quinata* accomplit une révolution en 1 heure 30 minutes, et trois révolutions avec une vitesse moyenne de 1 heure 38 minutes; un *Convolvulus* décrivit deux révolutions en moyenne en 1 heure 42 minutes, et un *Phaseolus vulgaris* en accomplit trois avec une vitesse moyenne de 1 heure 57 minutes. D'autre part, quelques plantes mettent 24 heures pour achever une seule révolution, et parfois l'*Adhadota* exige 48 heures; cependant cette dernière plante est essentiellement volubile. Des espèces du même genre se meuvent avec des vitesses différentes. La vitesse ne semble pas dépendre de l'épaisseur des tiges; celles du *Sollya* sont aussi minces et aussi flexibles qu'une ficelle, mais elles se meuvent plus lentement que les tiges épaisses et charnues du *Ruscus*, lesquelles paraissent peu appropriées à un mouvement quelconque. Les tiges de la *Wistaria*, qui deviennent ligneuses, se meuvent plus rapidement que celles des tiges herbacées *Ipomœa* ou *Thunbergia*.

Nous savons que les entre-nœuds, pendant qu'ils sont encore très jeunes, n'acquièrent pas toute leur vitesse de mouvement : il s'ensuit qu'on peut voir sur la même plante plusieurs tiges s'enroulant avec des vitesses différentes. Les deux ou trois entre-nœuds, ou même un plus grand nombre, qui se forment d'abord au-dessus des cotylédons ou au-dessus du rhizome d'une plante vivace ne se meuvent pas; ils peuvent se supporter par eux-mêmes, mais rien de plus.

Un plus grand nombre de plantes volubiles s'enroule dans une direction opposée au cours du soleil ou à celui des aiguilles d'une montre que dans le sens inverse; et par conséquent la majorité, comme on le sait, grimpe le long des tuteurs de gauche à droite. Parfois, quoique rarement, des plantes du même ordre s'enroulent dans des directions opposées :

Mohl (p. 125) en cite un exemple pour les *Legumi-nosœ*, et dans notre tableau nous en donnons un autre pour les *Acanthaceœ*. Je n'ai pas vu d'exemple de deux espèces du même genre s'enroulant en hélice dans des directions opposées, et ces cas doivent être rares; mais Fritz Müller [1] dit que, quoique le *Mikaniá scandens* s'enroule, comme je l'ai décrit, de gauche à droite, une autre espèce du sud du Brésil s'enroule dans une direction opposée. Il eût été singulier que des cas pareils ne se fussent pas produits, puisque différents individus de la même espèce, exemple *Solanum dulcamara* (Dutrochet, *C. R.*, t. XIX, p. 299), se contournent et s'enroulent en deux sens opposés; cette plante, toutefois, est très peu volubile. Le *Loasa aurantiaca* (Léon, p. 351) en présente un exemple bien plus curieux; j'élevai 17 pieds : sur ce nombre, 8 accomplirent leur révolution dans un sens opposé au cours du soleil et grimpèrent de gauche à droite; 5 suivirent le soleil et grimpèrent de droite à gauche; 4 se contournèrent et s'enroulèrent en hélice d'abord dans une direction, puis dans la direction contraire [2], les pétioles des feuilles opposées fournissant un point d'appui pour le ren-

---

[1] *Journal de la Soc. Linn.* (*Bot.*), vol. IV, p. 344. J'aurai occasion de citer souvent ce mémoire intéressant, dans lequel l'auteur corrige ou confirme diverses opinions que j'ai avancées.

[2] J'élevai neuf pieds de l'hybride *Loasa Herbertii*, et six d'entre eux renversèrent aussi leur hélice en grimpant le long d'un tuteur.

versement de l'hélice. Un de ces quatre pieds fit sept tours hélicoïdes de droite à gauche et cinq tours de gauche à droite. Une autre plante de la même famille, le *Scyphantus elegans,* s'enroule ordinairement de la même manière. J'en élevai un grand nombre de pieds dont toutes les tiges firent, dans un sens, un, parfois deux ou même trois tours, et alors, s'élevant verticalement dans une petite étendue, elles renversèrent leur direction et firent un ou deux tours dans un sens opposé. Le renversement de la courbe eut lieu dans tous les points de la tige, même dans le milieu d'un entre-nœud. Si je n'avais observé moi-même ce fait, j'aurais pensé qu'il était des plus improbables. On comprendrait difficilement qu'il fût possible chez une plante s'élevant au delà de quelques pieds en hauteur ou vivant dans un lieu exposé au vent, car la tige pourrait être aisément détachée de son support en se déroulant un peu ; et elle n'y aurait pas adhéré du tout si les entre-nœuds n'étaient pas devenus bientôt assez rigides. Chez les plantes qui grimpent à l'aide de leurs feuilles, comme nous le verrons bientôt, on observe fréquemment des faits analogues ; mais ceux-ci n'offrent pas de difficulté, car la tige est soutenue par des pétioles préhenseurs.

Sur un grand nombre d'autres plantes enroulantes et volubiles que j'ai observées, je n'ai vu que deux fois le mouvement renversé : une fois, et seulement

dans une petite étendue, chez l'*Ipomœa jucunda,*
mais fréquemment chez l'*Hibbertia dentata.* Tout
d'abord cette plante m'embarrassa beaucoup, car
j'observai continuellement que ses tiges longues et
flexibles, évidemment bien disposées pour s'enrouler en hélice, décrivaient la totalité, la moitié ou
le quart d'un cercle dans une direction et puis
dans une direction opposée ; par conséquent, quand
je plaçai les tiges près de bâtons minces ou épais,
ou près d'une ficelle tendue perpendiculairement,
elles semblaient essayer constamment de grimper
sans pouvoir y parvenir. J'entourai alors la plante
d'une masse de branchages ; les tiges grimpèrent
et passèrent à travers, mais plusieurs sortirent
latéralement et leurs extrémités pendantes se
tournèrent rarement en haut, comme c'est l'habitude pour les plantes volubiles. En dernier lieu,
j'entourai une seconde plante d'un grand nombre
de tuteurs minces et verticaux et je la plaçai près
de la plante entourée de branchages. Les deux
plantes, ayant maintenant ce qu'elles désiraient,
s'enroulèrent autour des bâtons parallèles, tantôt
autour d'un seul, tantôt autour de plusieurs, et
les tiges se dirigèrent latéralement d'un vase à
l'autre : mais quand les plantes furent plus âgées,
plusieurs des tiges montèrent régulièrement le
long des bâtons minces et verticaux. Quoique le
mouvement révolutif fût tantôt dans un sens, et

tantôt dans un autre, l'enroulement en hélice avait lieu invariablement de gauche à droite [1], de sorte que le mouvement de révolution le plus puissant ou le plus persistant doit avoir été en opposition avec la direction du soleil. Cet *Hibbertia* semblerait être disposé à la fois pour grimper en s'enroulant et pour ramper latéralement à travers les épaisses broussailles d'Australie.

J'ai décrit avec quelques détails le cas précédent, parce que, d'après ce que j'ai vu, il est rare de trouver des adaptations spéciales chez les plantes volubiles; sous ce rapport elles diffèrent beaucoup des plantes pourvues de vrilles, qui ont une organisation plus parfaite. Le *Solanum dulcamara,* comme nous allons le voir, ne peut s'enrouler qu'autour de tiges qui sont à la fois minces et flexibles. La plupart des plantes volubiles sont disposées pour s'élever autour de supports d'une grosseur médiocre quoique variable. En Angleterre, nos plantes volubiles, d'après mes observations, ne s'enroulent jamais autour des arbres, excepté le chèvrefeuille (*Lonicera periclymenum*), que j'ai vu s'enrouler autour d'un jeune hêtre de

---

[1] Fritz Müller dit (*l. c.*, p. 349) que dans un autre genre, *Davilla,* appartenant à la même famille que l'*Hibbertia,* « la tige « est volubile indifféremment de gauche à droite ou de droite à « gauche; et j'ai vu une fois une tige qui s'élevait autour d'un « arbre de 12°,6 de diamètre renverser sa direction, comme « cela a eu lieu si souvent chez le *Loasa Herbertii.* »

près de 11°,4 de diamètre. Mohl (p. 134) trouva
que le *Phaseolus multiflorus* et l'*Ipomœa purpurea*,
placés dans une pièce où la lumière ne pénétrait
que d'un seul côté, ne purent s'enrouler autour
de bâtons d'un diamètre de 7°,6 à 10 centimètres;
car cela contrariait, comme nous l'expliquerons
tout à l'heure, le mouvement révolutif. En plein
air cependant, le *Phaseolus* s'enroula autour d'un
tuteur qui avait cette épaisseur, mais la plante
ne put parvenir à s'enrouler autour d'un autre
de 23 centimètres de diamètre. Néanmoins quelques plantes volubiles des régions tempérées plus
chaudes peuvent tourner autour de tuteurs aussi
épais; ainsi le docteur Hooker m'apprend qu'à
Kew le *Ruscus androgynus* a grimpé le long d'une
colonne de 23 centimètres de diamètre; un *Wistaria* élevé par moi dans un petit vase tenta vai-
nement, pendant des semaines, de contourner un
poteau dont l'épaisseur variait de 12°,7 à 15°,2;
cependant, à Kew, un autre pied de cette plante
s'est élevé autour d'un tronc qui avait plus de
15°,2 de diamètre. D'autre part, les plantes volubiles des tropiques peuvent grimper le long d'arbres plus gros; je sais par les docteurs Thomson
et Hooker qu'il en est ainsi pour le *Butea parvi-
flora,* une ménispermacée, et pour plusieurs *Dal-
bergia* et autres Légumineuses [1]. Cette faculté de

[1] Fritz Müller rapporte (*l. c.*, p. 349) qu'il a vu une fois

mouvement est nécessaire aux espèces qui doivent grimper en s'enroulant autour des grands arbres des tropiques; sans cela, elles atteindraient difficilement la lumière. Dans nos pays tempérés, cet enroulement autour des troncs des arbres serait nuisible aux plantes volubiles qui meurent annuellement, car elles ne pourraient s'accroître suffisamment dans une seule saison pour atteindre le sommet et gagner la lumière.

Par quels moyens certaines plantes volubiles sont-elles disposées pour ne grimper que sur des tiges minces, tandis que d'autres peuvent s'enrouler autour de tiges plus épaisses, c'est ce que j'ignore. Il me parut probable que des plantes volubiles à tiges enroulantes très longues pourraient s'élever autour de supports épais; en conséquence je plaçai le *Ceropegia Gardnerii* près d'un poteau de 15°,2 de diamètre; mais les tiges ne purent nullement parvenir à le contourner; leur grande longueur et leur pouvoir moteur les aidaient seulement à trouver une tige éloignée pour s'enrouler autour d'elle. Le *Sphærostema marmora-*

dans les forêts du Brésil méridional une plante, appartenant sans doute à la famille des Ménispermacées, contourner en hélice un tronc de 1^m,52 environ de circonférence. Il ajoute dans une lettre que j'ai reçue de lui que, dans ce pays, la plupart des plantes grimpantes, qui montent le long de gros arbres, grimpent à l'aide de leurs racines; quelques-unes sont pourvues de vrilles.

tum est une plante vigoureuse des tropiques; et, comme elle s'enroule très lentement, je pensai que cette dernière circonstance favoriserait son ascension autour d'un gros support; mais, quoiqu'elle fût en position de s'enrouler autour d'un tuteur de 15°,2, elle ne put le faire que sur le même plan et ne forma pas une hélice ascendante.

La structure des fougères étant si différente de celle des plantes phanérogames, nous croyons devoir montrer ici que les fougères volubiles ne diffèrent pas dans leurs habitudes des autres plantes volubiles. Dans le *Lygodium articulatum* les deux entre-nœuds de la tige (ou plus exactement le rachis) qui se forment d'abord au-dessus du rhizome ne se meuvent pas; le troisième à partir du sol exécute un mouvement révolutif d'abord très lent; mais si cette espèce s'enroule lentement, le *Lygodium scandens* accomplit cinq révolutions avec une vitesse moyenne de 5 heures 45 minutes pour chacune; ce chiffre représente assez bien la vitesse habituelle des plantes phanérogames, en prenant celles dont les mouvements sont rapides ou lents. La vitesse était accélérée par l'accroissement de température. A chaque période de développement, les deux entre-nœuds supérieurs opéraient un mouvement révolutif. Une ligne tracée le long de la surface convexe d'un entre-nœud enroulant devint d'abord latérale, ensuite concave, puis latérale, et en dernier lieu de nouveau convexe. Ni les entre-nœuds ni les pétioles ne sont sensibles quand on les frotte. Le mouvement suit la direction habituelle, c'est-à-dire une direction opposée à la marche du soleil, et lorsque la tige s'enroule autour d'un bâton mince, elle se tord sur son axe dans le même sens. Après que les jeunes entre-nœuds se sont enroulés autour d'un tuteur, leur accroissement continu les fait glisser un peu en haut. Si on enlève bientôt ce tuteur, ils se redressent et recommencent à s'enrouler. Les extrémités des tiges pendantes se tournent en haut et s'enroulent sur elles-mêmes. Sous tous ces rapports, nous avons une identité complète avec les plantes phanérogames volubiles, et l'énumération précédente peut résumer les caractères principaux de toutes les plantes volubiles.

La faculté d'enroulement dépend, comme Palm s'est efforcé de le démontrer, de la santé générale et de la vigueur de la plante. Mais le mouvement de chaque entre-nœud séparé est si indépendant de celui des autres, que l'enlèvement d'un entre-nœud supérieur ne modifie pas les révolutions d'un entre-nœud inférieur. Cependant le mouvement fut considérablement ralenti dans deux tiges entières du houblon que Dutrochet avait coupées et plongées dans l'eau; car, dans l'une, la révolution s'opéra en 20 heures et dans l'autre en 23 heures, tandis qu'elles auraient dû s'accomplir entre 2 heures et

2 heures 30 minutes. Le mouvement des tiges du haricot coupées et mises dans l'eau fut également ralenti, mais à un moindre degré. J'ai observé mainte fois que le transport d'une plante de l'orangerie à ma chambre ou d'une partie à l'autre de l'orangerie arrêtait toujours pendant quelque temps le mouvement; d'où je conclus que les plantes, dans leur état naturel et croissant en plein air, n'opèrent pas leurs révolutions pendant un temps très orageux. Un abaissement de la température détermina toujours un ralentissement considérable dans la vitesse de la révolution; mais Dutrochet (t. XVII, pp. 994-996) a fait des observations si précises à ce sujet sur le pois ordinaire, que je n'ai pas besoin d'insister davantage. Quand des plantes volubiles sont placées dans une chambre près d'une fenêtre, la lumière exerce, dans quelques cas, une action remarquable sur le mouvement révolutif, comme Dutrochet (p. 998) l'avait également remarqué sur le pois; mais ce mouvement varie d'intensité dans différentes plantes : ainsi l'*Ipomœa jucunda* accomplit un cercle complet en 5 heures 30 minutes, le demi-cercle, en s'éloignant de la lumière, s'opérant en 4 heures 30 minutes, et celui vers la lumière en 1 heure seulement. Le *Lonicera brachypoda* effectua en 8 heures un mouvement révolutif, dans une direction opposée à celle de l'*Ipomœa*; le demi-cercle, en s'éloignant de la lumière, était décrit en

5 heures 23 minutes, et celui vers la lumière en 2 heures 37 minutes seulement. La vitesse de révolution dans toutes les plantes observées par moi étant à peu près la même pendant le jour et la nuit, je conclus que l'action de la lumière se borne à ralentir une demi-révolution et à accélérer l'autre de manière à ne pas modifier notablement la vitesse de la révolution entière. Cette action de la lumière est remarquable quand on réfléchit combien sont peu développées les feuilles dans les jeunes et minces entre-nœuds; d'autant plus que les botanistes considèrent (Mohl, p. 119) les plantes volubiles comme peu sensibles à l'action de la lumière.

Je terminerai ce que j'ai à dire des plantes volubiles en citant quelques exemples variés et curieux. Dans la plupart des plantes volubiles, toutes les branches, quel que soit leur nombre, continuent à s'enrouler ensemble; mais, d'après Mohl (p. 4), dans le *Tamus elephantipes,* les branches latérales seules et non la tige principale s'enroulent en hélice. D'autre part, dans une espèce grimpante d'*Asparagus,* la tige principale seule, et non les branches, se contournait et s'enroulait; mais il faut ajouter que la plante n'était pas vigoureuse. Mes pieds de *Combretum argenteum* et *C. purpureum* firent un grand nombre de pousses courtes et vigoureuses; mais elles ne manifestèrent aucun signe

d'enroulement, et je ne concevais pas comment ces
plantes pouvaient être des plantes grimpantes ; mais,
à la fin, le *C. argenteum* émit de la partie inférieure d'une de ses branches principales une tige
mince, longue de 1 mètre à 1^m,8, dont l'aspect dif-
férait notablement des tiges précédentes par suite
du peu de développement de ses feuilles, et cette
tige exécuta vigoureusement un mouvement révolutif et s'enroula : cette plante produit donc deux
sortes de jets. Dans le *Periploca græca* (Palm,
p. 43) les tiges supérieures sont seules volubiles. Le
Polygonum convolvulus ne s'enroule que pendant
le milieu de l'été (Palm, p. 43, 94) : des pieds
croissant vigoureusement en automne ne montrent
aucune disposition à grimper. Le plus grand nombre
des Asclépiadacées sont volubiles ; mais l'*Asclepias
nigra* seulement « in fertiliori solo incipit scandere
subvolubili caule (Willdenow, cité et confirmé par
Palm, p. 41). » L'*Asclepias vincetoxicum* ne s'enroule pas habituellement, mais il le fait accidentellement (Palm, p. 47 ; Mohl, p. 112), lorsqu'il
croît dans certaines conditions. Il en est de même
de deux espèces de *Ceropegia,* comme me l'apprend
le Prof. Harvey ; en effet, dans leur pays sec, le
sud de l'Afrique, ces plantes croissent en général
verticalement et atteignent une hauteur de 15 à
60 centimètres. Un très petit nombre de pieds
plus grands montrent une disposition à se courber ;

mais cultivés près de Dublin, ils s'enroulèrent régulièrement autour de tuteurs de 1^m,5 à 1^m,8 de
haut. La plupart des *Convolvulaceœ* sont d'excellentes plantes volubiles dans l'Afrique méridionale, l'*Ipomœa argyroides* pousse toujours des
tiges droites et serrées l'une contre l'autre, depuis
30 à 46 centimètres environ de hauteur. Dans
la collection du Prof. Harvey un seul échantillon montrait une disposition évidente à s'enrouler.
D'autre part, des plantes élevées de graines près
de Dublin s'enroulèrent autour de tuteurs ayant
plus de 2^m,43 de haut. Ces faits sont remarquables,
car on ne peut guère douter que dans les provinces
les plus sèches de l'Afrique méridionale ces plantes
se sont propagées elles-mêmes, pendant des milliers
de générations, en poussant des tiges verticales;
et cependant elles avaient conservé pendant toute
cette période la faculté innée de se contourner et
de s'enrouler spontanément toutes les fois que leurs
tiges s'allongeaient sous l'influence de conditions
particulières. La plupart des espèces de *Phaseolus*
sont volubiles, mais certaines variétés du *P. multiflorus* produisent (Léon, p. 681) deux espèces de
tiges, les unes verticales et épaisses, et les autres
minces et volubiles. J'ai vu des exemples frappants
de ce fait curieux de variabilité dans la race de
haricot appelée « Fulmer's dwarf forcing-bean »
qui produit parfois une seule tige longue et volubile.

Le *Solanum dulcamara* est une des plantes volubiles les plus faibles et les plus chétives; on peut la voir s'élever verticalement en arbrisseau, et quand elle croît au milieu d'un fourré, elle grimpe simplement entre les branches sans les contourner; mais lorsque, suivant Dutrochet (t. XIX, p. 299), elle s'élève près d'un tuteur mince et flexible tel que la tige d'une ortie, elle s'enroule autour d'elle. Je plaçai des bâtons autour de plusieurs plantes et des ficelles tendues verticalement à côté d'autres, et l'enroulement eut lieu seulement autour des ficelles. La tige est volubile indifféremment à droite ou à gauche. Quelques autres espèces de *Solanum* et celles du genre *Habrothamnus*, appartenant à la même famille, sont décrites dans les ouvrages d'horticulture comme plantes volubiles, mais elles semblent posséder cette faculté à un très faible degré. On peut supposer que les espèces de ces deux genres n'ont encore acquis que partiellement l'habitude de l'enroulement. D'autre part, dans le *Tecoma radicans* appartenant à une famille qui abonde en plantes volubiles et pourvues de vrilles, mais grimpant comme le lierre à l'aide de radicelles, on peut soupçonner qu'une ancienne habitude d'enroulement a été perdue, car la tige présentait de légers mouvements irréguliers qui s'expliquaient difficilement par des changements dans l'action de la lumière. Il n'est pas difficile de comprendre comment

une plante s'enroulant en spirale arrive insensiblement à se confondre avec une plante qui grimpe à
l'aide de ses radicelles ; en effet, les jeunes entre-
nœuds du *Bignonia Tweedyana* et du *Hoya carnosa*
se contournent et s'enroulent, mais ils émettent
également des radicelles qui adhèrent à toute surface convenable ; il en résulte que la perte de l'enroulement en hélice ne serait pas pour ces espèces
un grand désavantage et constituerait même, à certains égards, un avantage, car elles pourraient
grimper le long de leurs tuteurs suivant une ligne
plus directe [1].

[1] Fritz Müller a publié plusieurs faits et émis des considérations pleines d'intérêt sur la structure du bois des plantes
grimpantes dans *Bot. Zeitung*, 1866, pp. 57, 65.

CHAPITRE II.

PLANTES GRIMPANT A L'AIDE
DES FEUILLES.

Plantes qui grimpent à l'aide de pétioles sensibles et s'enroulent spontanément. — *Clematis*. — *Tropæolum*. — *Maurandia;* pédoncules floraux se mouvant spontanément et sensibles à un attouchement. — *Rhodochiton*. — *Lophospermum*. — Entre-nœuds sensibles. — *Solanum,* épaississement des pétioles adhérents. — *Fumaria*. — *Adlumia*. — Plantes qui grimpent à l'aide de leurs nervures moyennes prolongées. — *Gloriosa*. — *Flagellaria*. — *Nepenthes*. — Résumé des plantes qui grimpent à l'aide de leurs feuilles.

Nous arrivons maintenant à notre seconde classe de Plantes grimpantes, c'est-à-dire celles qui grimpent à l'aide d'organes irritables ou sensibles. Pour plus de commodité, nous avons groupé les plantes de cette classe en deux subdivisions, savoir, les plantes grimpant à l'aide de leurs feuilles ou dont les feuilles continuent leurs fonctions ordinaires, et celles qui sont pourvues de vrilles. Mais ces subdivisions se confondent insensiblement l'une avec l'autre, comme nous le verrons à propos du *Corydalis* et du *Gloriosa.*

On a observé depuis longtemps que plusieurs plantes grimpent à l'aide de leurs feuilles, soit par leurs pétioles, soit par leurs nervures moyennes prolongées; mais, à part ce simple fait, elles n'ont pas été décrites. Palm et Mohl classent ces plantes avec celles qui sont pourvues de vrilles; mais, comme une feuille est en général un objet défini, la classification actuelle, quoique artificielle, a du moins certains avantages. Les plantes qui grimpent à l'aide de leurs feuilles sont en outre, sous bien des rapports, intermédiaires entre les plantes volubiles et celles à vrilles. Huit espèces de *Clematis* et sept de *Tropæolum* furent observées, afin de voir quelle différence dans la manière de grimper existait dans le même genre; ces différences sont considérables.

CLEMATIS. — *C. glandulosa.* — Les minces entrenœuds supérieurs, se dirigeant en sens inverse du soleil exactement comme ceux d'une vraie plante volubile, opèrent un mouvement révolutif avec une vitesse moyenne de 3 heures 40 minutes, à en juger d'après trois révolutions. La tige principale contourna immédiatement un bâton placé près d'elle; mais, après avoir accompli une spire ouverte d'un tour et demi seulement, elle grimpa directement, dans une petite étendue, puis renversa sa direction et accomplit deux tours dans un sens opposé. La partie droite entre les deux spires opposées, étant devenue rigide, rendait la chose possible. Les feuilles simples, larges, ovales de cette espèce tropicale, avec leurs pétioles courts et épais, semblent peu propres à un mouvement quelconque, et elles

ne sont d'aucune utilité pour l'enroulement autour
d'un bâton vertical. Néanmoins, si l'on frotte à plusieurs reprises avec une mince petite branche un
bord quelconque du pétiole d'une jeune feuille, il
se courbera de ce côté, au bout de quelques heures,
pour se redresser ensuite. Le bord inférieur semble
être le plus sensible; mais la sensibilité ou irritabilité est légère comparée à celle que nous rencontre-
rons dans plusieurs des espèces suivantes : ainsi une
anse de ficelle pesant 106 milligrammes et suspendue, pendant plusieurs jours, à un jeune pétiole
produisit un effet à peine perceptible. Nous avons
représenté ici deux jeunes feuilles qui se sont accrochées naturellement à deux branches minces. Une
petite branche fourchue, placée de manière à presser légèrement sur le bord inférieur d'un jeune pétiole, le fit courber fortement en 12 heures, et en
dernier lieu à un tel point que la feuille passa du
côté opposé de la tige : le bâton fourchu ayant été
enlevé, la feuille revint lentement à sa première
position.

Les jeunes feuilles changent spontanément et graduellement leur position : quand ils sont dans leur
premier développement, les pétioles sont renversés et
parallèles à la tige; ils se recourbent alors lentement
en bas, restant pendant peu de temps à angle droit
avec la tige; et puis ils deviennent si arqués en bas
que le limbe de la feuille est tourné vers le sol avec

son extrémité contournée en dedans, de sorte que tout le pétiole et la feuille forment ensemble un crochet. Ils peuvent ainsi s'accrocher à une petite branche quelconque avec laquelle ils sont mis en contact par le mouvement révolutif des entre-nœuds. Si cela n'a pas lieu, ils conservent longtemps leur forme crochue, et alors, se courbant en haut, ils

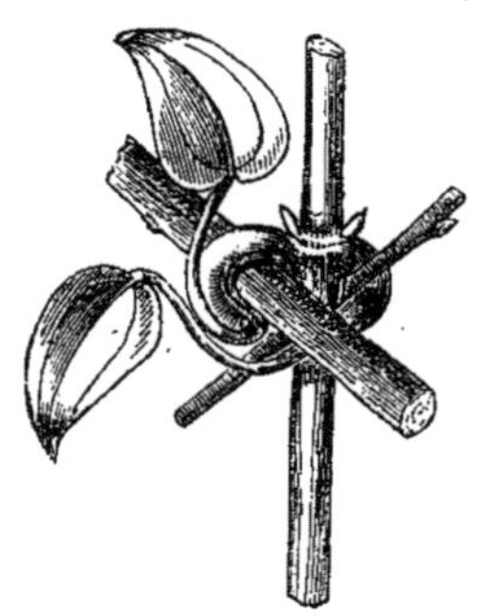

Fig. 1. — *Clematis glandulosa.*

Avec deux jeunes feuilles saisissant deux petites branches avec les parties embrassantes épaissies.

reprennent leur première position renversée, qu'ils gardent désormais. Les pétioles qui se sont accrochés à un objet s'épaississent considérablement et se fortifient, comme on peut le voir sur la figure 1.

Clematis montana. — Les pétioles longs et minces des feuilles, quand ils sont jeunes, sont sensibles, et si on les frotte légèrement, ils se courbent du côté frotté, se redressant ensuite. Ils sont beaucoup plus sensibles que les pétioles du *C. glandulosa;* car une anse de fil pesant $0^{gr},0162$, savoir, 162 dix-millièmes de gramme, les fit courber; une anse pesant seulement un huitième de grain (1 milligr.) tantôt agissait et tantôt n'agissait pas. La sensibilité s'étend du limbe de la feuille à la tige. Je mentionnerai ici que j'ai vérifié dans tous les cas le poids de la ficelle et du fil employés, dont je pesai avec soin $1^m,25$ dans une balance de précision, et je coupais alors des longueurs déterminées. Le pétiole principal porte trois folioles, mais leurs courts pétioles secondaires ne sont pas sensibles. Une jeune tige inclinée (la plante étant placée dans l'orangerie) a décrit en 4 heures 20 minutes un grand cercle opposé à la direction du soleil; mais, le jour suivant étant très froid, la durée a été de 5 heures 10 minutes. Un bâton placé près d'une tige enroulante a été bientôt atteint par les pétioles qui sont à angle droit, et le mouvement révolutif a été ainsi arrêté. Les pétioles, étant excités par le contact, ont commencé alors à contourner lentement le bâton. Quand celui-ci était mince, quelques pétioles s'enroulaient parfois autour de lui. La feuille opposée n'en était nullement affectée. L'attitude prise par la tige, après que le pétiole avait saisi le bâton, était celle d'un homme debout près d'une colonne qu'il entoure horizontalement avec un bras. A propos de la faculté d'enroulement en hélice de la tige, nous ferons quelques remarques en parlant du *Clematis calycina*.

Clematis Sieboldi. — Une tige accomplit trois révolutions en sens inverse du soleil avec une vitesse moyenne de 3 heures 11 minutes. La faculté d'enroulement est la même que celles des dernières espèces. Ses feuilles sont presque semblables dans leur structure et dans leur fonction ; seulement les pétioles secondaires des folioles latérales et terminales sont sensibles. Une anse de fil pesant un huitième de grain (1 milligr.) a pu agir sur le pétiole principal, mais seulement au bout de deux ou trois jours. Les feuilles possèdent la remarquable faculté de s'enrouler spontanément, en général, en ellipses verticales, de la même manière, mais à un degré moindre, comme nous le verrons en parlant du *C. microphylla.*

Clematis calycina. — Les jeunes tiges sont minces et flexibles : l'une s'enroula, en décrivant une large ellipse, en 5 heures 30 minutes, et une autre en 6 heures 12 minutes. Elles suivaient la marche du soleil, mais on trouvera que leur marche, si on l'observe assez longtemps, varie dans ces espèces, comme dans toutes les autres du même genre. C'est une plante plus volubile que les deux dernières espèces : quelquefois la tige faisait deux tours en spirale autour d'un bâton mince non ramifié ; elle s'avançait alors directement dans une certaine étendue, et, renversant sa marche, faisait un ou deux tours dans une direction opposée.

Ce renversement de la spire eut lieu dans toutes les espèces précédentes. Les feuilles sont si petites, comparées à celles de la plupart des autres espèces, que les pétioles semblent au premier abord mal conformés pour s'accrocher. Néanmoins la principale utilité du mouvement révolutif consiste à les amener au contact avec les objets voisins qui sont saisis lentement, mais sûrement. Les jeunes pétioles, qui sont seuls sensibles, ont leurs extrémités un peu courbées en bas, de manière qu'ils sont légèrement crochus; en dernier lieu, toute la feuille, si elle ne saisit aucun objet, devient horizontale. Je frottai légèrement avec une mince petite branche les surfaces inférieures de deux jeunes pétioles, et en 2 heures 30 minutes ils furent légèrement courbés en bas; en 5 heures, après avoir été frottée, l'extrémité de l'un fut courbée complètement en arrière, parallèlement à la portion basilaire; puis, en 4 heures, elle devint de nouveau presque droite. Pour montrer à quel point les jeunes pétioles sont sensibles, je mentionnerai que je touchai à peine les bords inférieurs de deux pétioles avec un peu de couleur d'aquarelle qui, en séchant, forma une petite croûte très mince; mais cela suffisait pour les faire courber tous les deux en bas au bout de 24 heures. Pendant que la plante est jeune, chaque feuille se compose de trois folioles divisées qui ont à peine des pétioles distincts, et ceux-ci ne sont pas sensibles; mais quand la plante est bien développée, les pétioles de deux folioles latérales et terminales ont une longueur considérable et deviennent sensibles, de manière à pouvoir saisir un objet dans n'importe quelle direction.

Lorsque le pétiole s'est accroché à une petite branche, il subit quelques changements remarquables qu'on peut observer chez les autres espèces, mais d'une manière moins marquée, et que nous allons décrire ici une fois pour toutes. Le pétiole adhérent se gonfle énormément au bout de deux ou trois jours et finit par devenir presque deux fois aussi épais que l'opposé, qui n'a rien saisi. Si l'on place sur le champ du microscope des tranches transversales minces des deux pétioles, la différence est visible; le bord du pétiole qui a été en contact avec le support est formé d'une couche de cellules incolores avec leurs plus longs axes partant du centre, et celles-ci sont beaucoup plus larges que celles du pétiole opposé qui n'a pas subi de changement; les cellules centrales sont aussi, jusqu'à un certain point, augmentées, et le tout est très induré. La surface extérieure devient généralement d'un rouge brillant. Mais un changement plus notable encore a lieu dans la nature des tissus : le pétiole de la feuille libre est flexible et peut être rompu facilement, tandis que le pétiole adhérent acquiert un degré extraordinaire de dureté et de rigidité et exige une force considérable pour le rompre. Grâce à ce changement, le pétiole dure très longtemps; du moins c'est ce qui a lieu pour les pétioles adhérents du *Clematis vitalba*. La signification de ces changements est évidente : les pétioles peuvent ainsi supporter la tige d'une manière sûre et durable.

Clematis microphylla, var. *leptophylla*. — Les longs et minces entre-nœuds de cette espèce d'Australie accomplissent leur mouvement révolutif tantôt dans un sens et tantôt dans un sens opposé, en décrivant des ellipses longues, étroites et irrégulières ou de grands cercles. Quatre révolutions furent accomplies avec une vitesse moyenne de 1 heure 51 minutes, à cinq minutes près, en sorte que cette espèce se meut plus rapidement que les autres du même genre. Les tiges placées près d'un bâton vertical s'enroulent autour de lui ou le saisissent avec la base de leurs pétioles. Les feuilles, tant qu'elles sont jeunes, ont presque la même forme que celles du *C. viticella* et agissent également à la manière d'un crochet, comme nous le décrirons en parlant de cette espèce. Mais les folioles sont plus divisées, et chaque segment, quand il est jeune, se termine en une pointe rigide qui est très courbée en bas et en dedans, de sorte que la feuille entière saisit sans difficulté tout objet qui l'avoisine. Des anses de fil pesant un huitième (8,1 mg.) et même un seizième de grain (4,05 mg.) agissent sur les pétioles des jeunes folioles terminales. La base du pétiole principal est beaucoup moins sensible, mais elle saisira un bâton contre lequel elle est pressée.

Les feuilles, quand elles sont jeunes, se meuvent lentement d'une manière continue et spontanée. Je plaçai sur une tige assujettie à un bâton une cloche sur laquelle les mouvements des feuilles furent marqués pendant plusieurs jours. En général, la ligne tracée était irrégulière ; mais un jour, au bout de 48 heures 45 minutes, la figure représenta clairement trois ellipses et demie irrégulières, dont la plus parfaite fut décrite en 2 heures 35 minutes. Les deux feuilles opposées se mouvaient indépendamment l'une de l'autre. Ce mouvement des feuilles vient en aide à celui des entre-nœuds, en amenant les pétioles en contact avec les objets voisins. Je découvris ce mouvement trop tard pour pouvoir l'observer dans les autres espèces ; mais, d'après l'analogie, je ne puis guère douter que les feuilles, tout au moins, des *C. viticella, C. flammula* et *C. vitalba* se meuvent spontanément ; et, à en juger par le *C. Sieboldi,* il en est probablement de même pour les *C. montana* et *C. calycina.* Je constatai que les feuilles simples du *C. glandulosa* ne présentaient pas de mouvement révolutif spontané.

Clematis viticella, var. *venosa.* — Dans cette espèce et les deux suivantes, la faculté de s'enrouler en spirale est complètement abolie; cela semble tenir à la diminution de flexibilité des entre-nœuds et à l'effet produit par la dimension considérable des feuilles : mais le mouvement révolutif, quoique restreint, n'est pas perdu. Dans l'espèce dont nous nous occupons, un jeune entre-nœud placé devant une fenêtre décrivit trois ellipses allongées, transversalement à la direction de la lumière, avec une vitesse moyenne de 2 heures 40 minutes; s'il était placé de manière à ce que les mouvements fussent dirigés vers la lumière ou dans un sens opposé, la vitesse était considérablement accrue dans une moitié du trajet, et retardée dans l'autre, comme dans les plantes volubiles. Les ellipses étaient petites : le plus grand diamètre décrit par le sommet d'une tige portant une paire de feuilles non épanouies, était de $11^c,7$, et celui tracé par le sommet du pénultième entre-nœud de $2^c,8$ seulement. Dans la période la plus favorable de la croissance, chaque feuille était à peine déplacée d'une longueur de 5 centimètres à $7^c,6$ par le mouvement des entre-nœuds; mais, comme nous l'avons établi, il est probable que les feuilles elles-mêmes se meuvent spontanément. Le déplacement de toute la tige par le vent et par sa rapide croissance agirait probablement avec la même efficacité que ces mouvements spontanés, en mettant les pétioles en contact avec les objets qui les avoisinent.

Les feuilles ont une grande dimension. Chacune porte trois paires de folioles latérales et une foliole terminale, toutes supportées sur des pétioles secondaires assez longs. Le pétiole principal se courbe un peu angulairement en bas au point d'origine de chaque paire de folioles (voy. fig. 2) et le pétiole

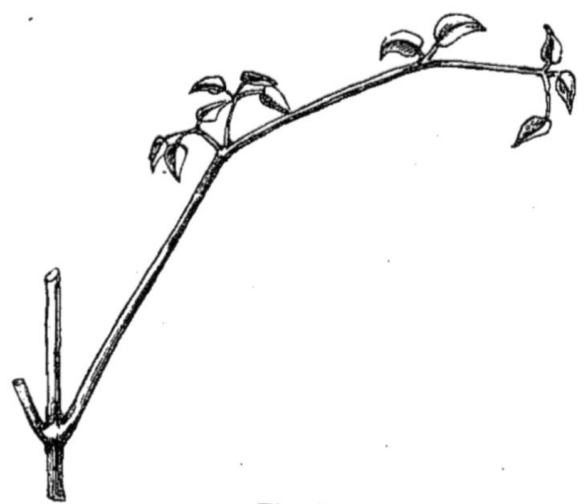

Fig. 2.
Une jeune feuille de *Clematis viticella.*

de la foliole terminale est courbé en bas à angle droit; il s'ensuit que tout le pétiole, avec son extrémité courbée à angle droit, agit comme un crochet. Ce crochet, les pétioles latéraux étant dirigés un peu en haut, forme un excellent appareil de préhension au moyen duquel les feuilles saisissent facilement les objets voisins. Si les feuilles n'atteignent aucun objet, le pétiole finit par pousser tout droit. Le pétiole principal, les pétioles secondaires et les trois folioles qu'ils portent générale-

ment sont **tous** sensibles. La portion basilaire du
pétiole principal entre la tige et la première paire
de folioles est moins sensible que le reste ; elle s'accroche cependant à un bâton avec lequel elle est
laissée en contact. La surface inférieure de la portion terminale courbée à angle droit (portant la foliole terminale) qui forme le bord interne de l'extrémité du crochet est la partie la plus sensible ; cette
extrémité est évidemment la mieux adaptée pour
saisir un support éloigné. Dans le but de montrer la
différence de sensibilité, je plaçai délicatement des
anses de ficelle du même poids (53 milligr.) sur plusieurs pétioles secondaires latéraux et sur le pétiole
terminal ; en quelques heures ce dernier était courbé ;
mais, après 24 heures, aucun effet n'était produit
sur les autres pétioles secondaires. De plus, un pétiole secondaire terminal mis en contact avec un
bâton mince se courbait sensiblement en 45 minutes
et décrivait quatre-vingt-dix degrés en 1 heure
10 minutes, tandis qu'un pétiole secondaire latéral ne se courbait sensiblement qu'après 3 heures
30 minutes. Dans tous les cas, si l'on enlève les
bâtons, les pétioles continuent à se mouvoir encore
pendant bien des heures. Il en est de même après
un léger frottement, mais ils se redressent au bout
d'un jour environ, si toutefois la flexion n'a pas
été très forte ou longtemps continuée.

La différence graduelle de l'extension de la

sensibilité dans les pétioles des espèces qui viennent d'être décrites mérite d'être notée. Dans le *C. montana* elle est bornée au pétiole principal et ne s'étend pas aux pétioles secondaires des trois folioles; 1 en est de même pour les jeunes pieds de *C. calycina*, mais dans des sujets plus vieux elle s'étend aux trois pétioles secondaires. Dans le *C. viticella*, la sensibilité s'étend aux pétioles des sept folioles et aux subdivisions des pétioles secondaires latéraux. Mais, dans cette dernière espèce, elle a diminué dans la portion basilaire du pétiole principal, où elle résidait seulement dans le *C. montana*, tandis qu'elle était augmentée dans la portion terminale courbée brusquement.

Clematis flammula. — Les tiges assez épaisses, droites et roides, lorsqu'elles croissent vigoureusement au printemps, décrivent de petites révolutions elliptiques en suivant le soleil dans sa course. Quatre s'accomplirent avec une vitesse moyenne de 3 heures 45 minutes. Le grand axe de l'ovale décrit par l'extrémité du sommet était dirigé à angle droit avec la ligne qui joignait les feuilles opposées; dans un cas, sa longueur était seulement de 3°,5, et dans l'autre cas de 4°,4; les jeunes feuilles se mouvaient ainsi à une très petite distance. Les tiges de la même plante observées au milieu de l'été, quand la croissance n'était pas si rapide, n'accomplirent

aucun mouvement révolutif. Je coupai une autre
plante au commencement de l'été, en sorte que vers
le 1ᵉʳ août elle avait formé des pousses nouvelles
et assez vigoureuses; celles-ci, observées sous une
cloche, étaient, certains jours, tout à fait stationnaires, et d'autres jours elles se mouvaient çà et
là de 0ᵐ,31 environ. Par conséquent la faculté
d'enroulement est très affaiblie dans cette espèce,
et, dans des circonstances défavorables, elle est
complètement perdue. La tige se met en contact
avec les objets qui l'avoisinent, grâce à sa croissance rapide, au déplacement opéré par le vent et
au mouvement spontané des feuilles, mouvement
qui est probable sans avoir été constaté positivement. Voilà pourquoi peut-être les pétioles ont
acquis un haut degré de sensibilité qui compense
la faible motilité des tiges.

Les pétioles sont courbés en bas et ont la même
forme crochue que dans le *C. viticella*. Le pétiole
moyen et les pétioles secondaires latéraux sont sensibles et particulièrement la portion terminale, qui
est fortement courbée. La sensibilité étant ici plus
grande que dans toute autre espèce du même genre
observée par moi, et étant de plus remarquable
en elle-même, je vais entrer dans des détails plus
minutieux. Lorsque les pétioles sont assez jeunes
pour n'être pas encore séparés l'un de l'autre, ils
ne sont pas sensibles; quand la lame d'une foliole

a atteint une longueur de 0°,63 (c'est-à-dire un sixième environ de sa grandeur naturelle), la sensibilité est très prononcée; mais, à cette période, les pétioles sont relativement bien plus complètement développés que ne le sont les limbes des feuilles. Les pétioles qui ont acquis tout leur développement ne sont nullement sensibles. Un bâton mince placé de manière à presser légèrement contre un pétiole, ayant une foliole longue de 0°,63, fit courber le pétiole en 3 heures 15 minutes. Dans un autre cas, un pétiole se courba complètement autour d'un bâton en 12 heures. On laissa ces pétioles courbés pendant 24 heures, et les bâtons furent enlevés, mais ils ne se redressèrent jamais. Je pris une petite branche plus mince que le pétiole lui-même, et j'en frottai légèrement plusieurs pétioles à quatre reprises en haut et en bas; au bout de 1 heure 45 minutes, ceux-ci se courbèrent légèrement; la courbure augmenta pendant plusieurs heures et commença alors à décroître; mais après 25 heures, à partir du moment du frottement, il restait encore une trace de la courbure. Plusieurs autres pétioles frottés également deux fois, c'est-à-dire une fois en haut et une fois en bas, se courbèrent sensiblement en 2 heures 30 minutes environ, le pétiole secondaire terminal se mouvant plus que les pétioles secondaires latéraux; ils se redressèrent tous au bout de 12 et 14 heures. En dernier lieu, une longueur de 0",31 environ d'un pétiole secondaire fut légèrement frottée avec la même branche une fois seulement; elle se courba faiblement en 3 heures, et resta ainsi pendant 11 heures; mais le lendemain matin elle était tout à fait droite.

Les observations suivantes sont plus précises. Après avoir employé des ficelles et des fils plus gros, je plaçai une anse de fil fin pesant 67 milligr. sur un pétiole secondaire terminal : au bout de 6 heures 40 minutes on put voir une courbure; en 24 heures le pétiole forma un anneau ouvert autour de la ficelle; en 48 heures l'anneau entoura presque la ficelle, et en 72 heures il la saisit si solidement qu'une certaine force était nécessaire pour la retirer. Une anse pesant 34 milligrammes fit courber en 14 heures d'une manière à peine sensible un pétiole secondaire latéral, et, en 24 heures, il décrivit quatre-vingt-dix degrés. Ces observations ont été faites pendant l'été, et les suivantes au printemps, quand les pétioles sont évidemment plus sensibles. — Une anse de fil pesant 8 milligr. ne produisit aucun effet sur les pétioles secondaires latéraux, mais placée sur un pétiole secondaire terminal elle le fit courber un peu en 24 heures; la courbure diminua sans jamais disparaître au bout de 48 heures, quoique l'anse restât toujours à la même place, montrant ainsi que le pétiole s'était accoutumé en partie à ce stimulus insuffisant. Cette expérience fut répétée deux fois presque avec le même résultat. En dernier lieu, une anse de fil pesant seulement 4 milligr. fut placée délicatement à deux reprises au moyen d'une pince sur un pétiole secondaire terminal (la plante étant, comme de raison, dans une pièce tranquille et fermée) : ce poids détermina positivement une flexion qui augmenta très lentement jusqu'à ce que le pétiole accomplît un mouvement de près de 90 degrés : au delà de cet angle il n'y eut plus de mouvement, et le pétiole, l'anse restant suspendue, ne se redressa jamais parfaitement.

Ces faits sont remarquables, si l'on considère d'une part l'épaisseur et la rigidité des pétioles, et d'autre part la ténuité et la mollesse d'un fil fin de coton, et combien est minime le poids de 4 milligr. Mais j'ai tout lieu de croire que même un poids moindre détermine une courbure en pressant sur une surface plus large que celle sur laquelle on agit avec un fil. Ayant remarqué que l'extrémité d'une ficelle suspendue qui touchait accidentellement un pétiole le faisait courber, je pris deux morceaux de fil mince, longs de 25^c,4, et, les attachant à un bâton, je les laissai pendre presque aussi perpendiculairement en bas que le permettaient leur ténuité et leur forme flexueuse, après avoir été tendus. Je plaçai alors délicatement leurs extrémités de manière à le faire à peine reposer sur deux pétioles; ceux-ci se courbèrent positivement en 3 heures. Une des extrémités toucha l'angle entre un sous-pétiole secondaire terminal et latéral, et fut saisie entre eux, au bout de 48 heures, comme par une pince. Dans ce cas, la pression, quoique répandue sur une surface plus large que celle touchée par le fil de coton, doit avoir été excessivement faible.

Clematis vitalba. — Les plantes étaient dans des vases et maladives, en sorte que je n'ose pas trop me fier à mes observations, qui indiquent une grande similitude d'habitudes avec le *C. flammula.* Je mentionne seulement cette espèce parce que j'ai vu des preuves nombreuses que les pétioles à l'état naturel sont excités au mouvement par une très légère pression. J'ai trouvé, par exemple, qu'ils embrassaient de minces brins d'herbe flétris, les jeunes feuilles molles d'un érable et les pédoncules floraux d'un *Briza.* Ces derniers ne sont guère plus gros que les poils de la barbe de l'homme, mais ils furent complètement entourés et saisis. Les pétioles d'une feuille, si jeune qu'aucune des folioles n'était épanouie, avaient accroché en partie une petite branche. Ceux de presque toutes les vieilles feuilles, même quand ils ne sont attachés à aucun objet, sont très contournés : mais ceci est dû à ce que, étant jeunes, ils ont été en contact, pendant plusieurs heures, avec un objet que l'on a enlevé plus tard. Chez aucune des espèces précédemment décrites, cultivées dans des pots et observées avec soin, il n'y eut de courbure permanente des pétioles sans le stimulus du contact. En hiver, les limbes des feuilles du *C. vitalba* tombent; mais les pétioles (comme Mohl l'a observé) restent attachés aux branches, parfois pendant deux saisons; et, étant contournés, ils ressemblent d'une manière curieuse à de véritables vrilles comme celles que possède le genre voisin *Naravelia*. Les pétioles qui ont saisi un objet deviennent beaucoup plus rigides, durs et polis que ceux qui n'ont pas rempli leur fonction.

TROPÆOLUM. — J'ai observé *T. tricolorum, T. azureum, T. pentaphyllum, T. peregrinum, T. elegans, T. tuberosum,* et une variété naine que je crois appartenir au *T. minus*.

Tropœolum tricolorum, var. *grandiflorum.* — Les tiges flexibles qui s'élèvent d'abord des tubercules sont aussi minces que du fil fin. Une de ces tiges s'enroula dans une direction opposée à celle du soleil avec une vitesse moyenne de 1 heure 23 minutes, à en juger d'après trois révolutions; mais nul doute que la direction du mouvement révolutif ne soit variable. Qnand les plantes ont grandi et se sont ramifiées, toutes les tiges latérales s'enroulent. La tige, quand elle est jeune, se contourne régulièrement en hélice

autour d'un mince bâton vertical, et dans un cas
je comptai huit tours en spirale dans la même direction; mais quand elle devient plus vieille, souvent la tige monte directement sur une certaine
longueur, et, étant arrêtée par les pétioles préhenseurs, elle accomplit une ou deux hélices dans une
direction inverse. Jusqu'à ce que la plante atteigne
une hauteur de 60ᶜ à 91ᶜ,4, ce qui exige environ
un mois depuis le moment où la première pousse
apparaît au-dessus du sol, il n'y a pas de vraies
feuilles produites, mais, à leur place, des filaments
colorés comme la tige. Les extrémités de ces filaments sont pointues, un peu aplaties et sillonnées
à la surface supérieure. Elles ne se développent
jamais en feuilles. A mesure que la plante croît en
hauteur, de nouveaux filaments se produisent avec
des extrémités légèrement agrandies; puis d'autres
portant sur chaque côté de l'extrémité moyenne
élargie le segment rudimentaire d'une feuille;
bientôt d'autres segments apparaissent, et enfin une
feuille parfaite est formée avec sept segments distincts. On peut donc voir sur la même plante chaque
degré, depuis les filaments préhenseurs à forme de
vrille jusqu'aux feuilles complètes avec les pétioles
préhenseurs. Quand la plante est arrivée à une
hauteur considérable et qu'elle est assurée sur son
support par les pétioles des vraies feuilles, les filaments préhenseurs à la partie inférieure de la tige

se dessèchent et tombent, en sorte qu'ils n'ont qu'un usage temporaire.

Ces filaments ou feuilles rudimentaires, ainsi que les pétioles des feuilles parfaites, lorsqu'ils sont jeunes, sont de tous les côtés extrêmement sensibles à un attouchement. Le plus léger frottement les faisait courber vers le côté frotté en trois minutes environ; et l'un d'eux forma un anneau en six minutes; ils se redressèrent ensuite. Cependant quand ils ont complètement saisi un bâton, si l'on enlève celui-ci, ils ne se redressent pas. Le fait le plus remarquable et que je n'ai observé dans aucune autre espèce de ce genre, c'est que les filaments et les pétioles des jeunes feuilles, s'ils ne se cramponnent à aucun objet, après être restés plusieurs jours dans leur position primitive, oscillent un peu d'un côté à l'autre d'une manière spontanée et lente; ils se dirigent alors vers la tige et la saisissent. Souvent aussi, au bout de quelque temps, ils se contractent, jusqu'à un certain point, en spirale. Ils méritent donc complètement le nom de vrilles, car ils servent à grimper, sont sensibles à un attouchement, se meuvent spontanément et en dernier lieu se contractent en une spire, quoique imparfaite. Cette espèce aurait été classée parmi les plantes pourvues de vrilles, si ces caractères n'étaient pas bornés au premier âge. Pendant l'âge mûr, c'est une véritable plante grimpant à l'aide de ses feuilles.

Tropæolum azureum. — Un entre-nœud supérieur accomplissait quatre révolutions, en suivant le soleil, avec une vitesse moyenne de 1 heure 47 minutes. La tige s'enroulait en hélice autour d'un support aussi irrégulièrement que celle de la dernière espèce. Les feuilles rudimentaires ou filaments n'existent pas. Les pétioles des jeunes feuilles sont très sensibles; une simple friction légère avec une petite branche fit mouvoir un pétiole d'une manière sensible en 5 minutes et un autre en 6 minutes. Le premier de ces pétioles se courba à angle droit en 15 minutes et se redressa en 5 ou 6 heures. Une anse de fil pesant 8 milligr. fit courber un autre pétiole.

Tropæolum pentaphyllum. — Cette espèce n'a pas la faculté de s'enrouler en spirale, ce qui semble dû, non pas tant au défaut de flexibilité de la tige qu'à l'intervention continue des pétioles préhenseurs. Un entre-nœud supérieur accomplit trois révolutions, en suivant le soleil, avec une vitesse moyenne de 1 heure 46 minutes. Le but principal du mouvement révolutif dans toutes les espèces de *Tropæolum* est évidemment d'amener les pétioles en contact avec un support. Le pétiole d'une jeune feuille, après une légère friction, se courba en 6 minutes; un autre, par une journée froide, en 20 minutes, et d'autres au bout de 8 à 10 minutes. Ordinairement leur courbure augmentait beaucoup dans l'espace de 15 à 20 minutes, et ils se dressaient de nouveau en 5 ou 6 heures, et une fois en 3 heures. Quand un pétiole a bien saisi un bâton, il n'est pas capable, si l'on enlève le tuteur, de se redresser. La partie libre supérieure d'un pétiole, dont la base avait déjà accroché un bâton, conservait encore la faculté de se mouvoir. Une anse de fil pesant 8 milligr. fit courber un pétiole, mais le stimulus n'était pas suffisant, quoique l'anse restât suspendue, pour déterminer une courbure permanente. Si une anse plus lourde est placée dans l'angle, entre le pétiole et la tige, elle ne produit aucun effet, tandis que nous avons vu que dans le *Clematis montana* l'angle entre la tige et le pétiole est sensible.

Tropœolum peregrinum. — Les entre-nœuds qui étaient les premiers formés dans une jeune plante ne s'enroulaient pas, ressemblant sous ce rapport à ceux d'une plante volubile. Chez une plante plus âgée, les quatre entre-nœuds supérieurs accomplissaient trois révolutions irrégulières, dans une direction opposée à celle du soleil, avec une vitesse moyenne de 1 heure 48 minutes. Il est remarquable que la vitesse moyenne de révolution (d'après quelques observations seulement) est à peu près la même dans cette espèce que dans les deux dernières, savoir, 1 heure 47 minutes, 1 heure 46 minutes et 1 heure 48 minutes. L'espèce dont nous parlons ne peut pas s'enrouler en spirale, ce qui semble dû principalement à la rigidité de la tige. Dans une très jeune plante qui ne s'enroulait pas, les pétioles étaient insensibles. Dans les plantes plus âgées, les pétioles des feuilles tout à fait jeunes et de celles qui avaient 3 centimètres de diamètre étaient sensibles. Une friction modérée fit courber un pétiole en 10 minutes et d'autres en 20 minutes : ils se redressaient en 5 heures 45 minutes ou 8 heures. Des pétioles qui sont mis en contact avec un bâton font quelquefois deux tours autour de lui. Après avoir saisi un support, ils deviennent rigides et durs. Ils sont moins sensibles à un poids que dans les espèces précédentes; car des anses de ficelle pesant 53,14 milligr. ne déterminèrent aucune courbure, mais une anse double de ce poids (106 milligr.) produisit un certain effet.

Tropæolum elegans. — J'ai fait peu d'observations sur cette espèce. Les entre-nœuds courts et rigides s'enroulent irrégulièrement en décrivant de petites ellipses. Une ellipse fut achevée en 3 heures. Un jeune pétiole, une fois frotté, se courbait légèrement en 17 minutes et ensuite d'une manière plus marquée. Il s'était presque redressé au bout de 8 heures.

Tropæolum tuberosum. — Sur une plante ayant 22°,9 en hauteur, les entre-nœuds ne se mouvaient pas du tout; mais chez une plante plus âgée, ils se mouvaient irrégulièrement et décrivaient de petites ellipses irrégulières. Ces mouvements ne pouvaient être aperçus que lorsqu'ils étaient tracés sur une cloche en verre placée sur la plante. Parfois les tiges s'arrêtaient pendant des heures ; certains jours, elles se mouvaient seulement dans une direction en ligne sinueuse ; d'autres jours, elles accomplissaient de petits cercles ou spires irrégulières : l'une fut tracée en 4 heures environ. Les points extrêmes atteints par le sommet de la tige étaient écartés à peu près de $2^c,5$ à $3^c,9$; cependant ce léger mouvement amena les pétioles en contact avec quelques petites branches qui les avoisinaient et auxquelles ils s'accrochèrent. Avec la faculté diminuée de s'enrouler spontanément comparée à celle des espèces précédentes, la sensibilité des pétioles est également diminuée. Ceux-ci, quand on les frottait à plusieurs reprises, ne se courbaient pas avant une demi-heure ; la courbure augmentait pendant les deux heures suivantes et ensuite décroissait très lentement, en sorte qu'il leur fallait parfois 24 heures pour se redresser. Les feuilles extrêmement jeunes ont des pétioles actifs ; l'une d'elles, dont le limbe avait seulement $0^c,16$ de diamètre, c'est-à-dire un vingtième environ de sa grandeur naturelle, saisit solidement une petite branche mince ; mais des feuilles qui ont atteint un quart de leur grandeur naturelle peuvent agir également.

Tropæolum minus? — Les entre-nœuds d'une variété nommée « *dwarf crimson Nasturtium* » ne s'enroulaient pas, mais se mouvaient dans une direction un peu irrégulière pendant le jour vers la lumière, et pendant la nuit en s'éloignant de la lumière. Quand les pétioles étaient bien frottés, ils ne montraient aucune tendance à se courber, et je n'ai pas observé non plus qu'ils se fussent jamais accrochés à un objet voisin. Nous avons vu, dans ce genre, une gradation successive à partir d'espèces, telle que *T. tricolorum,* qui ont des pétioles extrêmement sensibles et des entre-nœuds s'enroulant rapidement et se contournant en spirale autour d'un support; d'autres espèces, telles que *T. elegans* et *T. tuberosum,* ont des pétioles beaucoup moins sensibles, et les entre-nœuds possèdent une très faible faculté d'enroulement et ne peuvent pas se contourner en hélice autour d'un support; enfin cette dernière espèce a perdu entièrement ou n'a jamais acquis ces facultés. D'après le caractère général de ce genre, la perte de la faculté d'enroulement semble être l'hypothèse la plus probable.

Dans le *T. minus,* le *T. elegans* et probablement dans d'autres espèces, le pédoncule floral, dès que la capsule à graines commence à se gonfler, se courbe spontanément et brusquement en bas et se contourne un peu. Si un bâton se trouve sur son chemin, il est saisi dans une certaine étendue, mais, d'après ce que j'ai pu observer, ce mouvement de préhension est indépendant du stimulus, résultat du contact.

Antirrhineæ. — Dans cette tribu (Lindley) des *Scrophulariaceæ,* quatre au moins sur les sept genres qu'elle comprend ont des espèces grimpant à l'aide de leurs feuilles.

Maurandia Barclayana. — Une tige mince et légèrement courbée accomplissait deux révolutions en suivant le soleil, chacune en 3 heures 17 minutes; le jour précédent, cette même tige s'enroulait dans une direction opposée. Les tiges ne se contournent pas en spirale, mais grimpent admirablement à l'aide de leurs pétioles jeunes et sensibles. Ces pétioles frottés légèrement se meuvent après un intervalle considérable de temps et se redressent ensuite. Une anse de fil pesant 8 milligr. le faisait courber.

Maurandia semperflorens. — Cette espèce croissant librement grimpe, exactement comme la dernière, à l'aide de ses pétioles sensibles. Un jeune entre-nœud décrivit deux cercles chacun en 1 heure 46 minutes; en sorte qu'il se mouvait presque deux fois aussi vite que la dernière espèce. Les entre-nœuds ne sont nullement sensibles à un attouchement ou à une pression. Je mentionne ceci parce qu'ils sont sensibles dans un genre très voi-

sin, le *Lophospermum*. L'espèce dont nous nous
occupons est unique sons un certain point de vue.
Mohl affirme (p. 45) que les pédoncules floraux
ainsi que les pétioles s'enroulent comme des vrilles;
mais il classe parmi les vrilles des organes tels
que les pédoncules floraux contournés en hélice du
Vallisneria. Cette remarque et le fait que les pédoncules floraux sont positivement flexueux, me
déterminèrent à les examiner avec soin. Ils n'a-
gissent jamais comme de véritables vrilles. Je mis
à plusieurs reprises des bâtons minces en contact
avec des pédoncules jeunes et vieux, et je laissai
croître neuf pieds vigoureux à travers un faisceau
de branches; mais, dans aucun cas, ils ne s'enroulèrent autour de ces branches. Il est en effet extrêmement improbable qu'ils puissent le faire, car
ces pédoncules se développent en général sur des
rameaux qui ont déjà saisi d'une manière solide un
support par les pétioles de leurs feuilles. Quand ils
sont sur un rameau libre et pendant, ils ne sont pas
poussés en haut par la portion terminale de l'entre-
nœud, qui seule a la faculté de s'enrouler; ils ne
pourraient donc être amenés qu'accidentellement
en contact avec un objet voisin. Néanmoins (et
ceci est le fait remarquable), les pédoncules floraux,
quand ils sont jeunes, présentent une faible faculté
d'enroulement et sont légèrement sensibles à un
attouchement. Ayant choisi plusieurs tiges qui

avaient saisi solidement un bâton par leurs pétioles
et les ayant recouvertes avec une cloche, je traçai
les mouvements des jeunes pédoncules floraux. Le
tracé formait en général une ligne courte et extrêmement irrégulière avec de petites anses dans son
parcours. Un jeune pédoncule long de $3^c,9$ fut
observé avec soin pendant toute une journée; il
décrivit quatre ellipses et demie étroites, verticales
et irrégulières, chacune avec une vitesse moyenne
de 2 heures 25 minutes environ. Un pédoncule
contigu décrivit dans le même temps des ellipses
semblables, quoique moins nombreuses. Comme la
plante avait occupé pendant tout le temps exactement la même position, ces mouvements ne pouvaient être attribués à un changement quelconque
dans l'action de la lumière. Les pédoncules assez
vieux pour que les pétales colorés soient à peine
visibles, ne se meuvent pas. Quant à l'irritabilité[1], je frottai très légèrement, à plusieurs reprises,
deux jeunes pédoncules longs de $3^c,9$ avec une
petite branche mince : l'un fut frotté sur la face
supérieure, l'autre sur la face inférieure; ils se
courbèrent distinctement vers ces faces au bout
de 4 à 5 heures et se redressèrent ensuite en

---

[1] Il paraît, d'après les observations intéressantes de A. Kerner, que les pédoncules floraux d'un nombre considérable de
plantes sont irritables et se courbent quand ils sont frottés ou
secoués. *Die Schutzmittel des Pollens*, 1873, p. 34.

24 heures. Le jour suivant, on les frotta sur les faces opposées, et ils se courbèrent d'une manière sensible vers ces faces. Deux autres pédoncules plus jeunes, longs de 1°,89, furent légèrement frottés sur les côtés situés en face l'un de l'autre et se courbèrent tellement que les arcs étaient dans une direction à angle presque droit de leur direction primitive : c'est le mouvement le plus étendu que j'aie observé; puis ils se redressèrent. D'autres pédoncules si jeunes qu'ils n'avaient qu'une longueur de 0°,76 se courbaient quand on les frottait. D'autre part, des pédoncules longs de plus de 3°,8 avaient besoin d'être frottés deux ou trois fois, et alors ils se courbaient d'une manière à peine sensible. Des anses de fil suspendues aux pédoncules ne produisaient aucun effet; cependant des anses de ficelle pesant 5 milligr. à 11 centigr. déterminaient parfois une légère courbure; mais ces pédoncules n'étaient jamais saisis étroitement comme l'étaient les anses bien plus légères de fil par les pétioles.

Dans les neuf plantes vigoureuses que j'ai observées, il est certain que ni les légers mouvements spontanés ni la légère sensibilité des pédoncules floraux n'aidèrent les plantes à grimper. Si une espèce parmi les *Scrophulariacées* eût possédé des vrilles produites par la modification des pédoncules floraux, j'aurais pensé que cette espèce de *Maurandia* avait peut-être conservé un vestige inutile ou rudimentaire d'une ancienne habitude; mais cette opinion ne saurait être soutenue. On peut supposer que, grâce au principe de corrélation, la faculté de mouvement a été transmise aux pédoncules floraux par les plus jeunes entre-nœuds et la sensibilité par les jeunes pétioles. Mais, quelle que soit la cause de l'acquisition de ces facultés, le fait est intéressant, parce que si ces facultés avaient été légèrement accrues par la sélection naturelle, elles seraient devenues aisément aussi utiles à la plante pour grimper que le sont les pédoncules floraux, que nous décrirons plus tard, du *Vitis* ou du *Cardiospermum*.

Rhodochiton volubile. — Une longue tige flexible décrivit en 5 heures 30 minutes un grand cercle en suivant le soleil; et, la journée étant devenue plus chaude, un second cercle fut achevé en 4 heures 10 minutes. Les tiges accomplissent parfois une spire entière et une moitié de spire autour d'un tuteur vertical; elles se redressent alors dans une certaine étendue et tournent ensuite en spirale dans une direction opposée. Les pétioles des feuilles très jeunes ayant environ un dixième de leur maximum d'étendue sont très sensibles et se courbent vers le bord qui est touché, mais ils ne se meuvent pas rapidement. L'un d'eux se courbait sensiblement en 1 heure 10 minutes, après avoir été légèrement frotté, et sa courbure devenait considérable en 5 heures 40 minutes; plusieurs autres se courbaient à peine en 5 heures 30 minutes ; mais d'une manière marquée en 6 heures 30 minutes. Dans un pétiole, la courbure était perceptible au bout de 4 heures 30 minutes à 5 heures, après la suspension d'une petite anse de ficelle. Une anse de fil de coton fin, pesant un seizième de grain (4,05 milligr.), fit non seulement courber lentement un pétiole, mais finit par être saisie si solidement qu'on ne pouvait la détacher qu'avec peine. Quand les pétioles viennent en contact avec un bâton, ils accomplissent autour de lui un demi-tour ou un tour complet et en dernier lieu augmentent beaucoup d'épaisseur. Ils ne possèdent pas la faculté de s'enrouler spontanément.

Lophospermum scandens, var. *purpureum.* — Plusieurs entre-nœuds longs et assez minces accomplissaient quatre révolutions avec une vitesse moyenne de 3 heures 15 minutes. La direction suivie était très irrégulière, c'est-à-dire une ellipse extrêmement allongée, un grand cercle, une spire irrégulière ou une ligne en zigzag, et quelquefois l'extrémité s'arrêtait. Quand les jeunes pétioles étaient amenés par le mouvement révolutif en contact avec des bâtons, ils les saisissaient et augmentaient bientôt d'épaisseur. Mais ils ne sont pas aussi sensibles à un poids que ceux du *Rodochiton,* car des anses de fil pesant 8 milligr. ne les font pas toujours courber.

Cette plante présente une particularité que je
n'ai observée chez aucune plante volubile [1] ou grimpant à l'aide des feuilles, savoir, que les jeunes
entre-nœuds de la tige sont sensibles à un contact.
Quand un pétiole de cette espèce saisit un bâton,
il entraîne vers celui-ci la base de l'entre-nœud;
et alors l'entre-nœud lui-même se courbe vers le
bâton qui est saisi entre la tige et le pétiole comme
par une paire de pinces. L'entre-nœud se redresse
ensuite, excepté la partie qui est en contact immé-
diat avec le bâton. Les jeunes entre-nœuds seuls
sont sensibles, et ceux-ci sont également sensibles
sur tous les côtés et dans toute leur longueur. Je
fis quinze expériences en frottant légèrement deux
ou trois fois plusieurs entre-nœuds avec une petite
branche mince, et je constatai que tous se courbaient en deux heures environ et dans un cas en
trois heures : ils se redressaient ensuite au bout
de quatre heures environ. Un entre-nœud, qui fut
frotté jusqu'à six ou sept fois, se courbait d'une
manière à peine sensible en 1 heure 15 minutes;
mais en 3 heures la courbure devint beaucoup plus
marquée; il se redressa de nouveau dans le courant de la nuit suivante. Je frottai plusieurs entre-
nœuds, un jour, d'un côté, et, le jour suivant, soit

[1] J'ai déjà fait allusion à la tige volubile de la *Cuscute* qui,
suivant H. de Vries (*loc. cit.*, p. 322) est sensible à un contact,
comme une vrille.

du côté opposé, soit à angle droit avec le premier côté, et la courbure se faisait toujours vers le côté frotté.

Suivant Palm (p. 63), les pétioles du *Linaria cirrhosa,* et jusqu'à un certain point, ceux du *L. elatine,* ont la faculté de saisir un support.

SOLANACEÆ. — *Solanum jasminoides.* — Plusieurs des espèces de ce grand genre sont volubiles, mais l'espèce dont nous parlons est une véritable plante grimpant à l'aide de ses feuilles. Une longue tige, presque verticale, accomplissait quatre révolutions très régulières en sens inverse du soleil, avec une vitesse moyenne de 3 heures 26 minutes. Les tiges, cependant, s'arrêtaient quelquefois. Ce *Solanum* est considéré comme une plante d'orangerie ; mais quand on l'y laisse, les pétioles mettent plusieurs jours à saisir un bâton ; en serre chaude, un tuteur était saisi en 7 heures. Dans l'orangerie, un pétiole n'était pas influencé par une petite anse de ficelle suspendue pendant plusieurs jours et pesant 163 milligr. ; mais en serre chaude, une anse de 106 milligr. faisait courber un pétiole, et si on enlevait la ficelle, il se redressait. Une anse pesant seulement 53 milligr. n'eut aucune action sur un autre pétiole. Nous avons vu que les pétioles de quelques autres plantes qui grimpent à l'aide de leurs feuilles sont influencés par un treizième de ce dernier poids. Dans cette espèce, une feuille entièrement déve-

loppée est capable de saisir un bâton; je n'ai observé ce fait dans aucune autre plante grimpant à
l'aide des feuilles; mais dans l'orangerie, le mouvement était tellement lent qu'il ne s'accomplissait
qu'au bout de plusieurs semaines; après chacune
de ces semaines, il était évident que le pétiole s'é-

Fig. 3.

Solanum jasminoïdes avec un de ses pétioles saisissant un bâton.

tait courbé de plus en plus jusqu'à ce qu'à la fin
il eût fortement saisi le bâton.

Le pétiole flexible d'une feuille ayant atteint la
moitié ou le quart de son développement, et qui a
saisi un objet pendant trois ou quatre jours, augmente beaucoup d'épaisseur, et, après plusieurs
semaines, devient si prodigieusement dur et rigide
qu'il ne peut être que difficilement détaché de son

support. En comparant une tranche mince et transversale d'un pareil pétiole avec celui d'une feuille plus âgée croissant en dessous dans un point rapproché, et qui n'avait rien saisi, son diamètre se trouve être doublé et sa structure considérablement modifiée. Chez deux autres pétioles comparés d'une manière semblable et représentés ci-dessous,

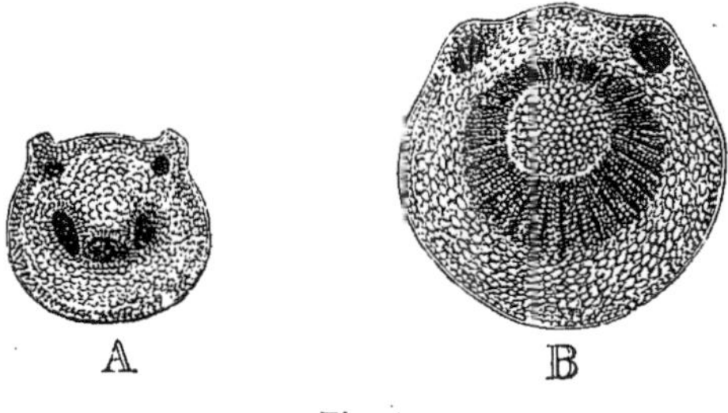

Fig. 4.

Solanum jasminoïdes.

A. Section d'un pétiole dans son état ordinaire.

B. Section d'un pétiole quelques semaines après qu'il eut saisi un bâton, comme cela se voit fig. 3.

l'augmentation du diamètre ne fut pas aussi marquée. Dans la coupe du pétiole à son état ordinaire (A), nous voyons une bande semi-lunaire de tissu cellulaire (qui n'est pas bien représenté dans la figure), dont l'apparence diffère légèrement de celle qui lui est extérieure et comprenant trois groupes très rapprochés de vaisseaux d'un aspect foncé. Près de la surface supérieure du pétiole, au-dessous de deux bords extérieurs, il y a deux autres petits groupes circulaires de vaisseaux. Dans la coupe du pétiole (B) qui avait saisi, pendant plusieurs semaines, un bâton, les deux bords extérieurs devenaient beaucoup moins proéminents, et les deux groupes de vaisseaux ligneux au-dessous d'eux augmentaient considérablement de diamètre. La bande semi-lunaire s'est convertie en un anneau complet de tissu blanc très dur et ligneux avec des lignes rayonnant du centre. Les trois groupes de vaisseaux qui, quoique rapprochés, étaient distincts auparavant, sont complètement confondus. La partie supérieure de cet anneau de vaisseaux ligneux formée par le prolongement des cornes de la bande semi-lunaire est plus étroite que la partie inférieure et un peu moins compacte. Ce pétiole, après avoir saisi le bâton, était devenu plus épais que la tige d'où il provenait, ce qui était dû surtout à l'augmentation d'épaisseur de l'anneau du bois. Cet anneau présentait à la fois dans une coupe transversale et longitudinale une structure à peu près semblable à celle de la tige. C'est un fait morphologique singulier, que le pétiole acquière ainsi une structure presque identiquement la même que celle de la tige ; et c'est un fait physiologique encore plus singulier, qu'un si grand changement ait été déterminé par le seul fait de saisir un support[1].

[1] Le docteur Maxwell Masters m'apprend que, dans presque tous les pétioles qui sont cylindriques, tels que ceux qui portent des limbes peltés, les vaisseaux ligneux forment un anneau

FUMARIACEÆ. — *Fumaria officinalis.* — Il était difficile de prévoir qu'une plante si basse que ce *Fumaria* fût grimpante. Elle grimpe à l'aide des pétioles principaux et latéraux de ses feuilles composées, et même la portion terminale très aplatie du pétiole peut saisir un support. Je l'ai vu saisir un corps aussi mou qu'un brin d'herbe desséché. Les pétioles qui ont accroché un objet quelconque finissent par devenir un peu plus épais et plus cylindriques. En frottant légèrement plusieurs pétioles avec une petite branche, ils se courbaient sensiblement en 1 heure 15 minutes et se redressaient ensuite. Un bâton placé délicatement dans l'angle formé par les deux pétioles secondaires les excita à se mouvoir et fut presque saisi en 9 heures. Une petite anse de fil pesant 8 milligr. détermina une courbure considérable au bout de 12 à 20 heures, mais elle ne fut jamais parfaitement saisie par le pétiole. Les jeunes entre-nœuds ont un mouvement d'une étendue considérable mais très irrégulier, tel qu'une ligne en zigzag ou une spire s'entrecroisant, ou bien un 8 de chiffre. La direction pendant 12 heures tracée sur une cloche en verre re-

fermé ; les bandes semi-lunaires de vaisseaux sont particulières aux pétioles qui sont sillonnés le long de leur surface supérieure. D'après cela, on peut observer que le pétiole grossi et adhérent du *Solanum* avec son anneau formé de vaisseaux ligneux est devenu plus cylindrique qu'il ne l'était dans son état primitif et lorsqu'il n'était pas adhérent.

présentait en apparence 4 ellipses environ. Les feuilles elles-mêmes se meuvent également d'une manière spontanée, les pétioles principaux se courbant conformément au mouvement des entre-nœuds, en sorte que lorsque ces derniers se mouvaient d'un côté, les pétioles se dirigeaient du même côté, et puis, se redressant, renversaient leur courbure. Les pétioles cependant ne se meuvent pas dans une étendue considérable, comme on pouvait le voir quand une tige était solidement attachée à un bâton. Dans ce cas, la feuille suivait une direction irrégulière comme celle parcourue par les entre-nœuds.

Adlumia cirrhosa. — J'élevai plusieurs plantes à la fin de l'été ; elles formèrent de très belles feuilles, mais ne poussèrent aucune tige centrale. Les premières feuilles développées n'étaient pas sensibles ; parmi les plus tardives, plusieurs l'étaient, mais seulement vers leurs extrémités qui étaient capables de saisir des tuteurs. Ceci ne pouvait être d'aucune utilité pour la plante, parce que ces feuilles partaient de la base ; mais cela montrait quel aurait été le futur caractère de la plante si elle avait atteint une croissance suffisante pour grimper. L'extrémité d'une de ces feuilles basilaires, pendant qu'elle était jeune, décrivit en 1 heure 36 minutes une ellipse étroite, ouverte à une extrémité, ayant exactement une longueur de 7ᶜ,6 ;

une seconde ellipse plus large, plus irrégulière et plus courte, longue de 6°,3 seulement, fut tracée en 2 heures 2 minutes. D'après l'analogie avec les *Fumaria* et *Corydalis,* je ne doute pas que les entrenœuds de l'*Adlumia* ne possèdent la faculté de s'enrouler.

Corydalis claviculata. — Cette plante est intéressante parce qu'elle est dans une condition si exactement intermédiaire entre une plante grimpant à l'aide de ses feuilles et une plante pourvue de vrilles, qu'on aurait pu la placer dans l'une ou l'autre catégorie; mais, pour des motifs qui seront indiqués plus tard, elle a été classée parmi les plantes à vrilles.

Outre les plantes déjà décrites, le *Bignonia unguis* et ses congénères, quoique aidés par des vrilles, ont des pétioles préhenseurs. Suivant Mohl (p. 40), le *Cocculus japonicus*, une Ménispermacée, et une fougère, l'*Ophioglossum japonicum,* grimpent au moyen de leurs pétioles.

Nous arrivons maintenant à un petit groupe de plantes qui grimpent à l'aide des nervures médianes prolongées ou des extrémités de leurs feuilles.

LILIACEÆ. — *Gloriosa Plantii*. — La tige d'une plante à moitié développée se mouvait continuellement, en décrivant en général une spire irrégulière, mais parfois des figures elliptiques avec l'axe principal dirigé en divers sens : elle suivait le soleil ou se mouvait dans un sens opposé; quelquefois elle s'arrêtait avant de commencer le mouvement inverse. Une ellipse fut décrite en 3 heures 40 minutes, et des deux autres, en forme de fer à cheval, l'une fut tracée en 4 heures 35 minutes et l'autre en 3 heures. Dans leurs mouvements, les tiges atteignaient des points espacés de 10 à 13 cent. Les jeunes feuilles, dans leur premier développement, se tiennent presque verticalement; mais par l'accroissement de l'axe et par la courbure spontanée de la moitié terminale de la feuille, elles deviennent bientôt très inclinées et en dernier lieu horizontales. L'extrémité de la feuille forme une saillie étroite, épaissie, en forme de ruban, qui d'abord est presque droite, mais avec le temps la feuille prend une position inclinée; l'extrémité se courbe en bas en un crochet bien marqué. Ce crochet est alors assez fort et assez rigide pour saisir n'importe quel objet, et quand il l'a saisi, pour ancrer la plante et arrêter le mouvement révolutif. La surface interne est sensible, mais non pas autant que celle des pétioles précédemment décrits; car une anse de ficelle pesant 106 milligr., ne produisit aucun effet. Quand le crochet a saisi une petite branche mince ou même une fibre rigide, on peut apercevoir, au bout de 1 heure à 3 heures, que la pointe s'est incurvée un peu en dedans; dans des circonstances favorables, elle se courbe circulairement, et, au bout de 8 à 10 heures, saisit d'une manière permanente un objet. Quand le crochet vient de se former, avant que la feuille se soit courbée en bas, il est peu sensible. S'il ne saisit aucun objet, il reste ouvert et sensible pendant longtemps; en dernier lieu l'extrémité se courbe spontanément et lentement en dedans et fait à l'extrémité de la feuille une spire circulaire aplatie, semblable à un bouton. Une feuille fut mise en observation, et le crochet resta ouvert trente-trois jours; mais, pendant la dernière semaine, l'extrémité s'était tellement courbée en dedans, qu'on n'aurait pu y introduire qu'une petite branche très mince. Aussitôt que l'extrémité s'est tellement courbée en dedans, que le crochet est converti en un anneau, sa sensibilité est abolie; mais, tant qu'il reste ouvert, il est encore un peu sensible.

Quand la plante n'avait que 15°, 2 environ de hauteur, les feuilles, au nombre de quatre ou cinq, étaient plus larges que celles produites ultérieurement; leurs extrémités molles et peu amincies n'étaient pas sensibles et ne formaient pas de crochets; de plus, la tige ne s'enroulait pas. A cette première période de développement, la plante peut se soutenir elle-même; la faculté de grimper n'est pas nécessaire et par conséquent ne se développe pas. De même aussi, les feuilles au sommet d'une plante en fleur complètement développée, qui n'avait pas besoin de grimper plus haut, n'étaient pas sensibles et ne pouvaient pas saisir un bâton. Nous voyons par là combien est parfaite l'économie de la nature.

COMMELYNACEÆ. — *Flagellaria Indica*. — D'après des échantillons secs, il est évident que cette plante grimpe exactement comme le *Gloriosa*. Un jeune pied de 30°,5 en hauteur et portant quinze feuilles n'avait pas encore une seule feuille prolongée en un crochet ou filament en forme de vrille, et la tige ne s'enroulait pas. Cette plante acquiert donc la faculté de grimper plus tardivement que ne le fait le *Gloriosa*. Suivant Mohl (p. 41), l'*Uvularia* (Melanthacée) grimpe aussi comme le *Gloriosa*.

Ces trois derniers genres sont Monocotylédones, mais il y a une Dicotylédone, le *Nepenthes*, qui est rangée par Mohl (p. 41) parmi les plantes à vrilles ; et j'apprends par le docteur Hooker que la plupart de ces espèces grimpent bien à Kew. Ceci a lieu à l'aide du pétiole ou nervure moyenne unissant la feuille à l'urne et se repliant autour d'un support. La partie tordue devient plus épaisse ; mais j'ai observé dans la serre chaude de M. Veitch que le pétiole fait souvent un tour quand il n'est pas en contact avec un objet et que cette partie tordue est également épaissie. Dans ma serre, deux jeunes pieds vigoureux de *N. lævis* et *N. distillatoria*, ayant moins de 30°,5 de haut, ne présentaient aucune sensibilité dans leurs feuilles et ne possédaient pas la faculté de grimper. Mais quand le *N. lævis*

eut atteint une hauteur de 40°,6, il présenta des in-
dices de cette faculté. Les jeunes feuilles d'abord
formées sont verticales, mais elles ne tardent pas
à s'incliner; à cette période, elles se terminent en
une sorte de pétiole ou de filament portant à son
extrémité l'urne à peine développée. Les feuilles
présentaient maintenant un léger mouvement spontané; et quand les filaments terminaux venaient
en contact avec un bâton, ils se courbaient lentement
autour de lui et le saisissaient fortement. Mais, par
suite du développement ultérieur de la feuille, ce
filament, au bout de quelque temps, se relâchait,
quoique restant encore enroulé autour du bâton.
Par conséquent il semblerait que le principal effet de
l'enroulement, quand la plante est jeune, est de soutenir l'urne et le poids du liquide qu'elle sécrète.

RÉSUMÉ DES PLANTES QUI GRIMPENT A L'AIDE DE LEURS FEUILLES.

Nous savons maintenant que des plantes appartenant à huit familles naturelles ont des pétioles
préhenseurs, et que des plantes appartenant à
quatre familles grimpent à l'aide des extrémités
de leurs feuilles. Dans toutes les espèces que j'ai observées, sauf une seule exception, les jeunes entre-
nœuds s'enroulent plus ou moins régulièrement,
dans quelques cas aussi régulièrement que ceux

d'une plante volubile. Ils s'enroulent avec des vitesses différentes, le plus souvent assez rapidement.
Quelques-uns peuvent s'élever en contournant un
support en hélice. Contrairement à la plupart des
plantes volubiles, il y a dans la même tige une tendance marquée à accomplir un mouvement révolutif, d'abord dans un sens et puis dans un sens opposé.
Le but atteint par le mouvement révolutif, est de
mettre les pétioles ou les extrémités des feuilles en
contact avec les objets voisins ; et, sans ce secours,
la plante parviendrait moins facilement à grimper.
Sauf de rares exceptions, les pétioles ne sont sensibles
que lorsqu'ils sont jeunes. Ils sont sensibles de tous
les côtés, mais plus ou moins, dans les différentes
plantes ; et dans plusieurs espèces de *Clematis*, les
diverses parties du même pétiole diffèrent beaucoup
en sensibilité. Les extrémités crochues des feuilles
du *Gloriosa* ne sont sensibles qu'à leurs surfaces
interne ou inférieure. Les pétioles sont sensibles
à un contact et à une pression continue extrêmement légère, même à celle produite par une anse
de fil mou pesant seulement un seizième de grain
(4,05 milligr.) ; et il y a lieu de croire que les pétioles assez épais et rigides du *Clematis flammula*
sont sensibles à un poids même beaucoup moindre,
s'il s'applique à une vaste surface. Les pétioles se
courbent toujours vers le côté pressé ou touché avec
une vitesse variable dans les différentes espèces,

parfois en quelques minutes, mais généralement au bout d'un temps beaucoup plus long. Après un contact momentané avec un objet quelconque, le pétiole continue à se courber pendant très longtemps; puis il se redresse lentement et peut alors agir de nouveau. Un pétiole excité par un poids extrêmement léger se courbe parfois un peu, et alors, habitué au stimulus, ou bien il ne se courbe pas davantage, ou bien il se redresse, le poids restant suspendu. Les pétioles qui ont saisi depuis quelque temps un objet ne peuvent recouvrer leur première position. Après être restés accrochés pendant deux ou trois jours, ils augmentent généralement en épaisseur soit dans tout leur diamètre, soit d'un seul côté; ils deviennent ensuite plus forts et plus ligneux, parfois à un degré surprenant, et dans quelques cas ils acquièrent une structure interne, semblable à celle de la tige ou de l'axe de la plante.

Les jeunes entre-nœuds du *Lophospermum* ainsi que les pétioles sont sensibles à un contact, et par leur mouvement combiné saisissent un objet. Les pédoncules floraux du *Maurandia semperflorens* s'enroulent spontanément et sont sensibles à un attouchement; cependant ils ne servent pas à grimper. Les feuilles de deux espèces au moins et probablement celles de la plupart des espèces de *Clematis,* de *Fumaria* et d'*Adlumia* se courbent spontanément d'un côté à l'autre, comme les entre-nœuds, et sont ainsi mieux adaptées pour saisir les objets éloignés. Les pétioles des feuilles parfaites du *Tropæolum tricolorum,* ainsi que les filaments à forme de vrilles des plantes, lorsqu'elles sont encore jeunes, finissent par se mouvoir vers la tige ou le tuteur qu'ils saisissent alors : les pétioles et ces filaments montrent aussi une tendance à se contracter en spi rale. Les extrémités des feuilles libres du *Gloriosâ,* en vieillissant, se contournent en spire aplatie ou en hélice. Ces divers faits sont intéressants relativement aux véritables vrilles.

Chez les plantes qui grimpent à l'aide des feuilles, comme chez les plantes volubiles, les premiers entre-nœuds qui s'élèvent du sol ne s'enroulent pas spontanément, du moins dans les cas que j'ai observés; et les pétioles ou les extrémités des premières feuilles formées ne sont pas sensibles. Dans certaines espèces de *Clematis,* la dimension considérable des feuilles, ainsi que leur habitude d'enroulement et l'extrême sensibilité de leurs pétioles semblent rendre superflu le mouvement révolutif des entre-nœuds : cette dernière faculté est devenue par conséquent beaucoup plus faible. Dans certaines espèces de *Tropæolum,* les mouvements spontanés des entre-nœuds et la sensibilité des pétioles sont très affaiblis, et dans une espèce ils étaient complètement abolis.

CHAPITRE III.

PLANTES A VRILLES.

Nature des vrilles. — *Bignoniaceæ*, différentes espèces et leurs divers modes de grimper. — Vrilles qui évitent la lumière et s'insinuent dans les crevasses. — Développement des pelotes adhésives. — Excellentes adaptations pour saisir différentes sortes de support. — *Polemoniaceæ.* — *Cobœa scandens*, vrilles très ramifiées et crochues, leur mode d'action. — *Leguminosæ.* — *Compositæ.* — *Smilaceæ.* — *Smilax aspera*, ses vrilles inefficaces. — *Fumariaceæ.* — *Corydalis claviculata*, son état intermédiaire entre celui d'une plante grimpant au moyen de ses feuilles et d'une plante pourvue de vrilles.

Par vrilles, j'entends des organes filamenteux, sensibles au contact et servant exclusivement à grimper. Cette définition ne comprend pas les épines, les crochets et les radicelles qui servent tous à grimper. Les véritables vrilles sont formées par la modification des feuilles avec leurs pétioles, par celle des pédoncules floraux, des branches [1] et peut-être par

---

[1] N'ayant jamais eu l'occasion d'examiner les vrilles produites par la modification des branches, j'en parlai d'une manière douteuse quand je publiai ce mémoire pour la première fois. Mais depuis lors Fritz Müller a décrit (*Journal of Linn. Soc.*, vol. IX, p. 344) un grand nombre de faits remarquables dans le sud du Brésil. En parlant des plantes qui grimpent au moyen de leurs branches plus ou moins modifiées, il dit qu'on

celle des stipules. Mohl, qui comprend sous le nom de vrilles divers organes ayant une apparence extérieure semblable, les considère, d'après leur nature homologue, comme étant des feuilles, des pédoncules floraux modifiés, etc. : cette classification est excellente ; mais je ferai observer que les botanistes ne sont nullement unanimes sur la nature homologue de certaines vrilles. Je décrirai par conséquent les plantes à vrilles par familles naturelles, en suivant la classification de Lindley ; de cette manière, les plantes de même nature se trouveront réunies dans la plupart des cas. Les espèces à décrire appartiennent à dix familles et seront exposées dans l'ordre suivant : *Bignoniaceæ, Polemoniaceæ, Legumi-*

peut distinguer les degrés suivants de développement : 1° Plantes se soutenant seulement à l'aide de leurs branches étendues à l'angle droit, par exemple, *Chiococca*. 2° Plantes saisissant un support avec leurs branches non modifiées, telles que *Securidaca*. 3° Plantes grimpant par les extrémités de leurs branches, qui ressemblent à des vrilles, comme c'est le cas, d'après Endlicher, pour l'*Helinus*. 4° Plantes avec leurs branches très modifiées et converties temporairement en vrilles, mais pouvant encore se transformer en branches, comme chez certaines Papilionacées. 5° Plantes avec leurs branches formant de véritables vrilles et servant exclusivement à grimper, telles que *Strychnos* et *Caulotretus*. Les branches non modifiées deviennent même très épaisses quand elles s'enroulent autour d'un support. J'ajouterai que M. Thwaites m'a envoyé de Ceylan l'échantillon d'un Acacia qui avait grimpé le long du tronc d'un arbre assez gros à l'aide de petites branches à forme de vrilles, courbées ou convolutées, arrêtées dans leur développement et pourvues de crochets pointus et recourbés.

nosæ, Compositæ, Smilaceæ, Fumariaceæ, Cucurbitaceæ, Vitaceæ, Sapindaceæ, Passifloraceæ [1].

BIGNONIACEÆ. — Cette famille renferme beaucoup de plantes à vrilles, les unes volubiles et les autres grimpant au moyen de radicules ; les vrilles sont toujours des feuilles modifiées. Nous décrirons neuf espèces de *Bignonia*, prises au hasard, afin de montrer quelle diversité de structure et d'action peut

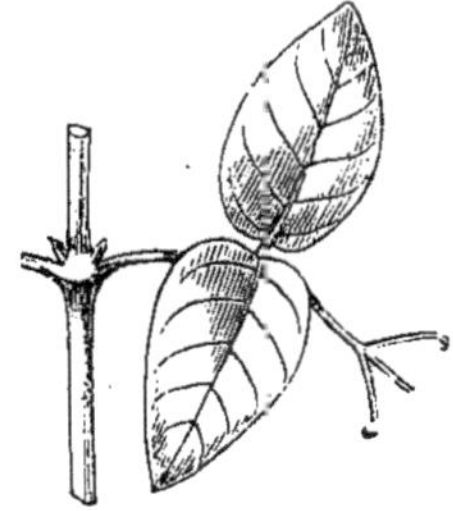

Fig. 5. — *Bignonia*. — Espèce innomée de Kew.

exister dans le même genre et quelles facultés remarquables possèdent plusieurs vrilles. Ces espèces prises dans leur ensemble fournissent des liens de connexion entre les plantes volubiles, celles qui grimpent à l'aide de feuilles ou de radicules et celles qui sont pourvues de vrilles.

Bignonia (une espèce innomée de Kew, très

[1] Autant que je puis en juger, voici ce que l'on sait au sujet de l'histoire des vrilles : Nous avons vu que Palm et von Mohl ont observé presque en même temps le phénomène singulier du mouvement révolutif spontané des plantes volubiles. Je présume que Palm (p. 58) a observé également le mouvement révolutif des vrilles ; mais je n'en suis pas sûr, car il dit très peu

voisine du *B. unguis,* mais avec des feuilles plus petites et un peu plus larges). — La jeune tige d'une plante coupée à la base accomplit trois révolutions en sens inverse du soleil avec une vitesse moyenne de 2 heures 6 minutes. La tige est grêle et flexible; elle s'enroula autour d'un tuteur mince en grimpant de gauche à droite aussi bien et aussi régulièrement qu'une véritable plante volubile. En s'élevant ainsi, elle ne se sert pas de ses vrilles ou de ses pétioles; mais quand elle s'enroulait autour d'un bâton assez épais et que ses pétioles se trouvaient en contact avec lui, ceux-ci se courbaient autour du bâton, montrant par là qu'ils possèdent un certain degré d'irritabilité. Les pétioles présentent aussi un léger degré de mouvement spontané; car, dans un cas, ils décrivaient positivement des ellipses très petites, irrégulières et verticales. Les vrilles se courbent en apparence spontanément du même côté que les pétioles, mais, par suite de diverses causes, il a été difficile d'observer le mouvement soit des vrilles,

de chose à ce sujet. Dutrochet a décrit d'une manière complète ce mouvement de la vrille dans le pois ordinaire. Mohl a découvert le premier que les vrilles sont sensibles au contact; mais par suite de quelque cause, probablement parce qu'il observait des vrilles trop âgées, il ne s'aperçut pas combien elles sont sensibles, et il crut qu'une pression prolongée était nécessaire pour provoquer leur mouvement. Le prof. Asa Gray, dans un mémoire déjà cité, a signalé le premier l'extrême sensibilité et la rapidité des mouvements des vrilles de certaines Cucurbitacées.

soit des pétioles, dans cette espèce et les deux suivantes. Les vrilles ressemblent tellement sous tous
les rapports à celles du *B. unguis,* qu'une seule
description suffira.

Bignonia unguis. — Les jeunes pousses s'enroulent, mais moins régulièrement et moins vite que
celles de l'espèce précédente. La tige contourne imparfaitement un bâton vertical, en renversant parfois sa direction, comme nous l'avons décrit, chez
tant de plantes grimpant à l'aide de leurs feuilles ;
et cette plante, quoique possédant des vrilles,
grimpe jusqu'à un certain point comme une plante
qui s'aide de ses feuilles. Chaque feuille se compose
d'un pétiole portant une paire de folioles et se termine en une vrille formée par la modification de
trois folioles et qui a une très grande ressemblance
avec celle figurée plus haut (fig. 5). Mais elle est un
peu plus grande, et, chez une jeune plante, elle avait
$2^c,5$ de long environ. Elle ressemble d'une manière
curieuse à la jambe et à la patte d'un petit oiseau,
moins le doigt de derrière. La jambe droite ou le
tarse est plus long que les trois doigts qui ont
une égale longueur et qui, en divergeant, sont dans
le même plan. Les doigts se terminent par des griffes
pointues et dures, très recourbées en bas, comme
celles de la patte d'un oiseau. Le pétiole de la feuille
est sensible au contact ; et même une anse de fil suspendue pendant deux jours la fit courber en haut ;

mais les pétioles secondaires des deux folioles latérales ne sont pas sensibles. La vrille entière, c'est-
à-dire le tarse et les trois doigts, sont également
sensibles au contact, surtout à leurs surfaces inférieures. Quand une tige croît au milieu de branches
minces, les vrilles arrivent bientôt au contact avec
elles par le mouvement révolutif des entre-nœuds,
et alors un doigt de la vrille ou un plus grand
nombre, ordinairement tous les trois, se courbent et,
après plusieurs heures, saisissent solidement les
petites branches comme un oiseau quand il se perche.
Si le tarse de la vrille vient en contact avec un rameau, il continue à se courber lentement, jusqu'à
ce que tout le pied ait fait le tour, et les doigts
le saisissent en passant de chaque côté du tarse. De
même si le pétiole arrive au contact avec un rameau,
il se contourne autour en portant avec lui la vrille
qui saisit alors son propre pétiole ou celui de la
feuille opposée. Les pétioles se meuvent spontanément, et, de cette manière, lorsqu'une tige essaie de
s'enrouler autour d'un bâton vertical, ceux des deux
côtés arrivent, au bout de quelque temps, au contact avec lui et sont excités à se courber. En dernier
lieu, les deux pétioles s'accrochent au bâton dans
des directions opposées, et les vrilles à forme de
patte, se saisissant mutuellement ou saisissant leurs
propres pétioles, fixent la tige au support avec une
solidité étonnante. Les vrilles sont alors mises en

action, si la tige s'enroule autour d'un bâton mince et vertical ; sous ce rapport, cette espèce diffère de la précédente. Ces deux espèces se servent de leurs vrilles de la même manière pour passer à travers un fourré. Cette plante est une de celles qui grimpent avec le plus de succès parmi celles que j'ai observées ; et elle monterait probablement le long d'une tige polie incessamment ballotée par de violentes rafales. Afin de montrer combien une santé vigoureuse est importante pour l'action de toutes les parties, je dirai que lorsque j'examinai pour la première fois une plante qui se développait assez bien, mais sans vigueur, je conclus que les vrilles agissaient seulement comme les crochets d'une ronce et que c'était la plus faible et la moins bien douée de toutes les plantes grimpantes [1].

Bignonia Tweedyana. — Cette espèce est très voisine de la dernière et se comporte de la même manière ; mais elle s'enroule peut-être un peu mieux autour d'un bâton vertical. Sur la même plante,

---

[1] Le *Cucurbita perennis* Asa Gray présente, suivant M. Ch. Martins, une disposition qui rappelle celle du *Bignonia unguis* décrite ci-dessus. Un pétiole commun entièrement nu, dont la longueur atteint quelquefois 12 centimètres de longueur, se divise en cinq, rarement six vrilles simulant les quatre doigts de la main lorsque le pouce leur est opposé. Bien développées, ces vrilles sont droites et seulement légèrement recourbées en crochet à leur extrémité. Quand elles rencontrent un objet quelconque, elles le saisissent et le contournent en formant des hélices très irrégulières ; mais le pé-

une branche s'enroulait dans une direction et une
autre dans une direction opposée. Dans un cas, les
entre-nœuds décrivaient deux cercles, chacun en
2 heures 33 minutes. Je pus mieux observer les
mouvements spontanés des pétioles dans cette espèce
que dans les deux précédentes : un pétiole décrivit
en 11 heures trois petites ellipses verticales, tandis
qu'un autre se mouvait en décrivant une spire irrégulière. Peu de temps après qu'une tige s'est enroulée autour d'un bâton vertical et qu'elle y est assujettie solidement par les pétioles préhenseurs et les
vrilles, elle émet de la base des feuilles des racines
aériennes, et ces racines se courbent en partie circulairement et adhèrent au bâton. Cette espèce de Bignonia réunit par conséquent quatre différents
modes de grimper qui caractérisent en général des
plantes distinctes, savoir : l'enroulement en hélice,
et la faculté de s'élever à l'aide de feuilles, de vrilles
ou de radicules.

Dans les trois espèces précédentes, quand la vrille
à forme de patte a saisi un objet, elle continue à

tiole commun reste toujours droit. Ces vrilles présentent cette
particularité qu'elles sont roulées en crosse tant qu'elles sont
jeunes et cachées entre les feuilles ; elles se redressent ensuite
pour s'enrouler de nouveau au contact d'un objet quelconque
ou sur elles-mêmes lorsqu'elles n'en rencontrent pas. La tige
de la plante n'est nullement volubile : elle s'élève directement
si elle trouve des points d'appui, et dans le cas contraire s'allonge en ligne droite sur le sol.   (*Note du Traducteur.*)

croître et à s'épaissir, et finit par devenir prodigieusement forte, comme les pétioles des plantes grimpant à l'aide de leurs feuilles. Si la vrille ne saisit
rien, elle se courbe d'abord lentement en bas, et alors
sa faculté de préhension est abolie. Bientôt après,
elle se sépare en se désarticulant du pétiole et tombe
comme une feuille en automne. Je n'ai vu ce mode
de désarticulation chez aucune autre vrille, car
celles-ci se flétrissent seulement quand elles ne
parviennent pas à saisir un objet.

Bignonia venusta. — Les vrilles diffèrent considérablement de celles de l'espèce précédente. La
partie inférieure ou tarse est quatre fois plus longue
que les trois doigts; ceux-ci ont une même longueur et divergent également, mais ils ne sont pas
dans le même plan; leurs extrémités sont crochues et sans pointe, et toute la vrille constitue
un excellent grappin. Le tarse est sensible sur
tous les côtés, mais les trois doigts ne sont
sensibles que sur leurs surfaces extérieures.
La sensibilité n'est pas très développée; car un
léger frottement avec une petite branche ne faisait,
au bout d'une heure, que courber légèrement le
tarse ou les doigts qui se redressaient ensuite. Le
tarse et les doigts peuvent tous deux saisir parfaitement des bâtons. Si la tige est assujettie, on
voit les vrilles décrire spontanément de grandes
ellipses, les deux vrilles opposées se mouvant in-

dépendamment l'une de l'autre. Je ne doute pas, d'après l'analogie des deux espèces voisines suivantes, que les pétioles ne se meuvent aussi spontanément; mais ils ne sont pas sensibles comme ceux des *B. unguis* et *B. Tweedyana*. Les jeunes entre-nœuds décrivent des grands cercles, dont l'un fut achevé en 2 heures 15 minutes et un second en 2 heures 55 minutes. Par suite de ces mouvements réunis des entre-nœuds, des pétioles et des vrilles en forme de grappin, ces dernières ne tardent pas à être mises en contact avec les objets voisins. Quand une tige se trouve près d'un tuteur droit, elle s'enroule autour de lui d'une manière régulière et en spirale : en grimpant elle saisit le bâton avec une de ses vrilles, et si le bâton est mince, elle se sert alternativement des vrilles de droite et de gauche. Cette alternance résulte de ce que la tige, pour chaque cercle accompli, exécute nécessairement un mouvement de torsion autour de son axe.

Les vrilles se contractent en spirale peu de temps après avoir saisi un objet; celles qui ne saisissent rien se courbent seulement en bas lentement; mais nous examinerons d'une manière complète le sujet de la contraction en spirale des vrilles après avoir décrit toutes les espèces qui en sont pourvues.

Bignonia littoralis. — Les jeunes entre-nœuds s'enroulent en décrivant de grandes ellipses. Un entre-nœud portant des vrilles incomplètement développées accomplissait deux révolutions, chacune en 3 heures 50 minutes; mais en vieillissant et avec les vrilles complètement développées, il traçait deux ellipses avec une vitesse de 2 heures 44 minutes pour chacune. Cette espèce, contrairement à la précédente, est incapable de s'enrouler autour d'un bâton; cette incapacité ne semble pas dépendre d'un défaut de flexibilité des entre-nœuds ou de l'action des vrilles, ni assurément de l'absence de la faculté d'enroulement; je ne saurais moi-même comment expliquer ce fait. Néanmoins la plante monte facilement le long d'un bâton mince et vertical, en saisissant un point situé au-dessus avec ses deux vrilles opposées qui se contractent alors en spirale. Si les vrilles ne saisissent aucun objet, elles ne deviennent pas spiralées. La dernière espèce décrite s'éleva le long d'un bâton vertical, en s'enroulant en hélice et en le saisissant alternativement avec ses vrilles opposées, comme le ferait un matelot qui se hisse au haut d'un cordage, main sur main; l'espèce dont nous nous occupons se hisse comme un matelot qui saisit un cordage avec les deux mains élevées ensemble au-dessus de sa tête.

Les vrilles sont semblables en structure à celles de la dernière espèce. Elles continuent à croître pendant quelque temps, même après avoir saisi un objet. Quand elles sont complètement développées, quoique portées par une jeune plante, elles ont une longueur de 22°,9. Les trois doigts divergents sont plus courts relativement au tarse que dans les espèces précédentes; ils sont émoussés à leurs extrémités, mais légèrement crochus; ils n'ont pas une égale longueur, le doigt du milieu étant un peu plus long que les autres. Leurs surfaces extérieures sont extrêmement sensibles, car si on les frotte légèrement avec une petite branche, ils se courbent sensiblement en 4 minutes et notablement en 7 minutes. Au bout de 7 heures, ils se redressaient et étaient prêts à agir de nouveau. Le tarse est sensible près des doigts dans l'étendue de 2°,5, mais à un degré un peu moindre que les doigts; car ces derniers, après un léger frottement, se courbaient en moitié moins de temps environ. La partie moyenne du tarse est même sensible à un contact prolongé, aussitôt que la vrille est arrivée à tout son développement. Quand il vieillit, la sensibilité est bornée aux doigts et ceux-ci ne peuvent s'enrouler que très lentement autour d'un bâton. Une vrille est parfaitement en état d'agir, dès que les trois doigts ont divergé, et, à ce moment, leurs surfaces extérieures deviennent sensibles. L'irritabilité se propage peu d'une partie excitée à une autre; ainsi, quand un bâton est saisi par la partie immédiatement au-dessous des trois doigts, ceux-ci le saisissent rarement, mais restent droits et dirigés en dehors.

Le mouvement révolutif des vrilles est spontané; il commence avant que la vrille ne soit convertie en un grappin à trois branches par la divergence des doigts, et avant qu'aucune partie ne devienne sensible; en sorte que le mouvement révolutif est sans résultat dans cette première période. Le mouvement est également lent, deux ellipses étant simultanément achevées en 24 heures 18 minutes. Une vrille complètement développée décrivit une ellipse en 6 heures, de sorte qu'elle se mouvait beaucoup plus lentement que les entre-nœuds. Les ellipses, qui étaient tracées à la fois dans un plan vertical et horizontal, avaient une grande dimension. Les pétioles ne sont nullement sensibles, mais s'enroulent comme les vrilles. Nous voyons ainsi que les jeunes entre-nœuds, les pétioles et les vrilles continuent de s'enrouler ensemble, mais avec des vitesses différentes. Les mouvements des vrilles qui sont opposées l'une à l'autre sont tout à fait indépendants. Il en résulte que lorsqu'on laisse toute la tige s'enrouler librement, rien n'est plus embrouillé que la direction suivie par l'extrémité de chaque vrille : elle explore irrégulièrement un grand espace pour trouver un objet qu'elle puisse saisir.

Une autre particularité curieuse reste à mentionner. Quelques jours après que les doigts ont saisi étroitement un tuteur, leurs extrémités mousses se développent presque toujours en boules discoïdes irrégulières qui ont la faculté d'adhérer fortement au bois. Comme je décrirai en détail de semblables excroissances cellulaires en parlant du *B. capreolata*, je ne dirai rien de plus sur celles-ci.

Bignonia æquinoctialis, var. *Chamberlaynii.* — Les entre-nœuds, les pétioles allongés et insensibles et les vrilles accomplissent tous également un mouvement révolutif. La tige n'est pas volubile, mais elle monte le long d'un tuteur vertical comme la dernière espèce. Les vrilles ressemblent aussi à celles de la dernière espèce, mais elles sont plus courtes; les trois doigts ont une longueur plus inégale, les deux doigts extérieurs étant d'un tiers plus courts et un peu plus minces que le doigt du milieu; mais ils varient sous ce rapport. Ils se terminent en petites pointes dures et, ce qui est important, les disques cellulaires adhésifs ne se développent pas. La dimension réduite de deux des doigts ainsi que leur sensibilité diminuée semblent indiquer une tendance à l'avortement; et, sur une de mes plantes, les premières vrilles formées étaient parfois simples, c'est-à-dire n'étaient pas divisées en trois doigts. Nous sommes ainsi conduits naturellement aux trois espèces suivantes à vrilles non divisées.

Bignonia speciosa. — Les jeunes tiges accomplissent un mouvement révolutif irrégulier, en décrivant des ellipses, des spires ou des cercles étroits avec des vitesses variant de 3 heures 30 minutes à 4 heures 40 minutes, mais elles ne montrent aucune tendance à s'enrouler en hélice. Quand la plante est jeune et n'a pas besoin d'un support, les vrilles ne se développent pas. Celles portées par une plante assez jeune avaient 12°,7 de long : elles s'enroulent spontanément comme le font les pétioles courts et insensibles. Quand on les frotte elles se courbent lentement du côté frotté et se redressent ensuite; mais elles ne sont pas très sensibles. Il y a quelque chose d'étrange dans leur manière d'être. Je plaçai plusieurs fois près d'elles des bâtons et des poteaux épais ou minces, rugueux ou polis, ainsi qu'une ficelle suspendue verticalement, mais aucun de ces objets ne fut bien saisi. Après s'être accrochées à un tuteur vertical, elles le lâchaient de nouveau à plusieurs reprises, et souvent elles ne le saisissaient pas du tout ou bien leurs extrémités ne se repliaient pas étroitement autour de lui. J'ai observé des centaines de vrilles appartenant à diverses Cucurbitacées, Passifloracées et Légumineuses, et je n'en ai jamais vu une seule se comporter ainsi. Cependant, lorsque ma plante eut atteint en hauteur 2^m,40 à 2^m,70, les vrilles agissaient beaucoup mieux. Elles saisissaient alors horizontalement un bâton mince et vertical, c'est-à-dire dans un point situé à leur niveau, et non pas dans un autre point vers le haut du tuteur, comme c'est le cas pour toutes les epèces précédentes. Néanmoins, grâce à ce moyen, la tige non volubile pouvait grimper le long du tuteur.

L'extrémité de la vrille est presque toujours droite et pointue. Toute la portion terminale présente une singulière habitude que, chez un animal, on appellerait instinct; car elle cherche continuellement une petite crevasse ou un trou pour s'y introduire. J'avais deux jeunes plantes; et, après avoir remarqué cette habitude, je plaçai près d'elles des poteaux qui avaient été perforés par des insectes ou fissurés par la sécheresse. Les vrilles, par leur propre mouvement et par celui des entre-nœuds, se dirigeaient lentement sur la surface du bois, et quand le sommet arrivait à un trou ou à une fissure, il s'y introduisait : pour atteindre ce résultat, l'extrémité, dans une longueur de 1°,2 ou de 0°,6, se courbait souvent à angle droit avec la portion basilaire. J'ai observé cette manœuvre de vingt à trente fois. La même vrille se retirait fréquemment d'un trou et introduisait sa pointe dans un second trou. J'ai vu également une vrille maintenir sa pointe (dans un cas pendant 20 heures et dans un autre pendant 36 heures) dans un petit trou, et puis la retirer. Tandis que la pointe est ainsi introduite temporairement, la vrille opposée continue son mouvement révolutif.

Toute la longueur d'une vrille se colle étroitement à une surface quelconque de bois avec laquelle elle se trouve en contact, et j'ai observé une vrille qui s'était courbée à angle droit pour pénétrer dans une large et profonde fissure avec son sommet recourbé brusquement et introduit dans un petit trou latéral. Après avoir saisi un bâton, une vrille se contracte en spirale; si elle reste libre, elle pend directement en bas. Si elle s'est collée seulement aux inégalités d'un tuteur épais, quoiqu'elle n'ait rien saisi, ou bien si elle a introduit sa pointe dans quelque petite fissure, ce stimulus suffit pour provoquer une contraction en spirale; mais la contraction éloigne toujours la vrille du tuteur. De sorte que, dans tous les cas, ces mouvements qui semblent si bien adaptés à quelque but, étaient inutiles. Une fois cependant l'extrémité resta serrée d'une manière permanente dans une fissure étroite. Je m'attendais pleinement d'après l'analogie avec les *B. capreolata* et *B. littoralis,* à ce que les extrémités se développeraient en disques adhésifs; mais je n'ai jamais pu découvrir la moindre trace de ce développement. Il y a donc actuellement quelque chose d'incompréhensible dans les habitudes de cette plante.

Bignonia picta. — Cette espèce a une étroite ressemblance avec la dernière au point de vue de la structure et des mouvements de ses vrilles. J'ai examiné aussi accidentellement une plante d'une belle croissance de l'espèce congénère *B. Lindleyi,* et celle-ci sembla se comporter sous tous les rapports comme la précédente.

Bignonia capreolata. — Nous arrivons maintenant à une espèce pourvue de vrilles d'un type différent; mais parlons d'abord des entre-nœuds. Une jeune tige acheva trois grandes révolutions, en suivant le soleil, avec une vitesse moyenne de 2 heures 23 minutes. La tige est mince et flexible, et j'en ai vu qui accomplissaient quatre tours réguliers en hélice autour d'un bâton mince et vertical, s'élevant de droite à gauche, et par conséquent dans une direction contraire à celle des espèces précédemment décrites. Puis, par suite de l'intervention des vrilles, la tige s'élevait en haut du bâton soit directement, soit en décrivant une spire irrégulière. Les vrilles sont, sous plusieurs rapports, extrêmement remarquables. Chez une jeune plante, elles avaient 6°,3 de long environ et elles étaient très ramifiées, les cinq divisions principales représentant évidemment deux paires de folioles et une foliole terminale. Chaque ramification est cependant bifide ou plus ordinairement trifide vers l'extrémité, avec des pointes mousses mais distinctement crochues. Une vrille se courbe du côté qui est légèrement frotté et se redresse ensuite ; mais une petite anse de fil pesant 15 milligr. ne produisit aucun effet. Deux fois les branches terminales se courbèrent légèrement en 10 minutes, après avoir touché un bâton, et au bout de 30 minutes les extrémités s'enroulèrent complètement autour de lui. La portion basilaire est moins sensible. Les vrilles s'enroulaient d'une manière capricieuse, parfois très légèrement ou bien pas du tout ; d'autres fois elles décrivaient de grandes ellipses régulières. Je ne pus découvrir aucun mouvement spontané dans les pétioles des feuilles.

Pendant que les vrilles s'enroulent plus ou moins régulièrement, un autre mouvement remarquable a lieu, savoir, une légère inclinaison dirigée de la lumière vers le côté le plus obscur de la chambre. Je changeai fréquemment la position de mes plantes, et peu de temps après que le mouvement révolutif avait cessé, les vrilles successivement formées finissaient toujours par se tourner du côté le plus obscur. Quand je plaçais un tuteur épais près d'une vrille, entre elle et la lumière, la vrille suivait cette direction. Dans deux cas, une paire de feuilles était placée de telle manière qu'une des deux vrilles se dirigeait vers la lumière, et l'autre vers le côté le plus sombre de la chambre, cette dernière resta immobile ; mais la vrille opposée se courba d'abord en haut, et puis directement au-dessus de sa voisine, de manière que les deux devinrent parallèles, l'une au-dessus de l'autre, toutes les deux se dirigeant vers l'obscurité. Je fis faire alors à la plante un demi-tour : la vrille qui s'était tournée en haut reprit sa position première, et la vrille opposée qui était restée auparavant immobile se tourna vers le côté obscur. Enfin, sur une autre plante, trois tiges produisirent en même temps trois paires de vrilles et il arriva que toutes avaient une direction différente. Je plaçai le vase dans une boîte ouverte seulement d'un côté et regardant obliquement la lumière : au bout de deux jours, toutes les six vrilles se dirigeaient infailliblement vers le côté le plus sombre de la boîte, quoique, pour opérer ce mouvement, chacune dût se courber d'une manière différente. Six girouettes n'auraient pas indiqué plus exactement la direction du vent que ne le firent ces vrilles ramifiées pour la direction du rayon de lumière qui pénétrait dans la boîte. Je laissai ces vrilles sans les déranger plus de 24 heures et alors je fis faire un demi-tour au vase : mais elles avaient perdu maintenant leur faculté de mouvement et elles ne pouvaient plus éviter la lumière.

Quand une vrille n'a pas réussi à saisir un support soit par son propre mouvement révolutif ou par celui de la tige, soit en tournant vers un objet qui intercepte la lumière, elle se courbe verticalement en bas, et puis vers sa propre tige, qu'elle saisit en même temps que le tuteur, s'il y en a un. Ce petit moyen contribue ainsi à maintenir la tige. Si la vrille ne saisit aucun objet, elle ne se contracte pas en spirale, mais elle dépérit bientôt et tombe. Si elle saisit un objet, toutes les ramifications se contractent en spirale.

J'ai dit que lorsque une vrille est arrivée au contact avec un bâton, elle se courbe autour de lui au bout d'une demi-heure environ; mais j'ai observé maintes fois, comme dans le cas du *B. speciosa* et de ses congénères, qu'elle lâchait souvent le tuteur, parfois saisissant et lâchant le même tuteur trois ou quatre fois. Sachant que les vrilles évitaient la lumière, je leur présentai un tube de verre noirci intérieurement et une plaque de zinc bien noircie : les divisons s'enroulèrent autour du tube et se courbèrent brusquement autour des bords de la plaque de zinc. Mais elles s'éloignèrent bientôt de ces objets en manifestant pour ainsi dire du dégoût, et elles se redressèrent. Je plaçai alors près d'une paire de vrilles un poteau avec une écorce extrêmement rugueuse; deux fois elles la touchèrent pendant une heure ou deux, et deux fois elles s'en éloignèrent; à la fin une des extrémités crochues forma une boucle en saisissant fortement une très petite pointe saillante de l'écorce; et alors les autres divisions se déployèrent en suivant exactement chaque inégalité de la surface. Je plaçai ensuite près de la plante un poteau sans écorce, mais très fissuré, et les pointes des vrilles s'introduisirent admirablement dans toutes les crevasses. A ma surprise, j'observai que les extrémités des jeunes vrilles avec leurs divisions à peine séparées s'introduisaient également dans les plus petites crevasses, exactement comme des racines. Deux ou trois jours après que les extrémités eurent pénétré ainsi dans les crevasses, ou après que leurs terminaisons crochues eurent saisi de petits points saillants, commença le mécanisme final que je vais décrire maintenant.

Je découvris ce mécanisme après avoir laissé accidentellement un morceau de laine à côté d'une vrille ; et ceci me conduisit à lier d'une manière lâche autour de tuteurs une quantité de lin, de mousse et de laine, et à la placer auprès de vrilles. La laine ne doit pas être teinte, car ces vrilles sont extrêmement sensibles à certains poisons. Les pointes crochues saisirent bientôt sans répugnance les fibres, même celles qui flottaient librement ; au contraire l'excitation fit pénétrer les crochets dans la masse fibreuse et les courba en dedans, de telle sorte que chaque crochet saisit solidement une ou deux fibres ou un petit faisceau de fibres. Les extrémités et les surfaces internes des crochets com-

mencèrent alors à se gonfler, et, au bout de deux
ou trois jours, elles étaient visiblement grossies.
Quelques jours après les crochets se convertirent en
pelotes blanchâtres, irrégulières d'un peu plus de
1,27 millim. de diamètre formées de tissu cellulaire
grossier qui parfois enveloppait complètement et
cachait les crochets eux-mêmes. Les surfaces de
ces pelotes sécrètent une matière résineuse et visqueuse à laquelle adhèrent les fibres du lin, etc.
Quand une fibre s'est attachée à la surface, le tissu
cellulaire ne croît pas directement au-dessous d'elle,
mais il continue à se développer de chaque côté;
de manière que si plusieurs fibres contiguës, quoique
excessivement minces, étaient saisies, il y avait autant de crêtes de tissu cellulaire dont chacune n'a-
vait pas l'épaisseur d'un cheveu; elles se croisaient
entre elles et se courbant en arc des deux côtés adhéraient solidement ensemble. A mesure que toute la
surface de la pelote continue à croître, de nouvelles fibres adhèrent et sont ensuite enveloppées;
j'ai vu ainsi une petite pelote avec cinquante à
soixante fibres de lin qui la traversaient suivant
divers angles et qui toutes étaient enfouies plus ou
moins profondément. On pouvait suivre tous les
degrés de ce mécanisme, car parmi ces fibres les
unes adhéraient simplement à la surface; les autres,
placées dans des sillons plus ou moins profonds,
étaient complètement enfouies ou passaient à tra-

vers le centre même de la pelote cellulaire. Les fibres enfouies étaient si solidement saisies qu'on ne pouvait les détacher. Ces excroissances de tissu ont une tendance si marquée à s'unir, que deux pelotes produites par des vrilles distinctes se soudent parfois entre elles et en forment une seule.

Dans un cas une vrille s'étant enroulée autour d'un bâton, de 1ᶜ,27 de diamètre, un disque adhérent se forma; mais ceci n'a pas lieu en général si les bâtons ou les poteaux sont polis. Cependant, si l'extrémité saisissait une petite pointe faisant saillie les autres branches formaient des disques, surtout si elles trouvaient des crevasses pour y pénétrer. Les vrilles ne parvinrent pas à se fixer sur un mur de brique.

Je conclus de l'adhérence des fibres aux disques ou pelotes et plus particulièrement de ce que ces fibres deviennent lâches, si on les plonge dans l'éther sulfurique, que ces pelotes sécrètent une matière résineuse adhésive. Ce liquide fait disparaître les petites pointes brunes, brillantes, qu'on peut voir en général sur les surfaces des plus anciens disques. Si les extrémités crochues des vrilles ne touchent aucun objet, les disques, d'après ce que j'ai observé, ne se forment jamais[1]; mais un contact de courte

---

[1] Fritz Müller rapporte (*l. c.*, p. 348) que dans le Brésil méridional, les vrilles trifides de l'*Haplolophium*, une Bignoniacée, se terminent en disques polis et brillants sans être venues au contact d'un objet. Ceux-ci cependant, après avoir adhéré à un objet, prennent parfois un développement considérable.

durée suffit pour produire leur développement. J'ai vu huit disques se développer sur la même vrille. Après leur développement, les vrilles se contractent en spirale et deviennent ligneuses et très fortes. Une vrille dans cet état supportait près de 217 grammes, et elle aurait supporté un poids bien plus considérable si les fibres de lin auxquelles les disques étaient fixés n'avaient cédé.

Nous pouvons déduire de ces faits que si les vrilles de ce *Bignonia* adhèrent parfois à des bâtons polis, cylindriques et souvent à une écorce rugueuse, elles sont néanmoins spécialement adaptées pour grimper le long d'arbres tapissés de lichens, de mousses ou d'autres productions semblables, et je sais par le professeur Asa Gray que le *Polypodium incanum* abonde sur les arbres des forêts dans les districts du nord de l'Amérique où croît cette espèce de *Bignonia*. En dernier lieu, je ferai remarquer combien il est singulier qu'une feuille se métamorphose en un organe ramifié qui fuit la lumière et qui, par ses extrémités, peut ou bien s'insinuer comme des racines dans des crevasses, ou saisir de petites pointes saillantes, ces extrémités formant ensuite des excroissances cellulaires qui sécrètent un ciment adhésif et enveloppent alors les fibres les plus fines par suite de leur croissance continue.

Eccremocarpus scaber (*Bignoniaceæ*). — Cette plante, quoique se développant assez bien dans

mon orangerie, n'a pas présenté de mouvements
spontanés dans sa tige ou dans ses vrilles; mais,
transportée en serre chaude, les jeunes entre-
nœuds s'enroulaient avec une vitesse qui variait
entre 3 heures 15 minutes et 1 heure 13 minutes.
Un grand cercle fut décrit avec cette dernière vitesse exceptionnelle; mais en général les révolutions ou les ellipses étaient petites, et parfois le
trajet suivi était tout à fait irrégulier. Un entre-
nœud, après avoir accompli plusieurs révolutions,
s'arrêtait quelquefois pendant 12 ou 18 heures et
puis recommençait son mouvement révolutif. Je
n'ai guère observé chez aucune autre plante des
interruptions aussi marquées dans les mouvements
des entre-nœuds.

Les feuilles portent quatre folioles, subdivisées
elles-mêmes et se terminent en vrilles très ramifiées.
Le pétiole principal de la feuille, lorsqu'il est jeune,
se meut spontanément et accomplit le même trajet
irrégulier avec la même vitesse environ que les
entre-nœuds. Le mouvement pour s'éloigner ou se
rapprocher de la tige est le plus évident, et j'ai vu
la corde d'un pétiole courbé, qui formait un angle
de 59 degrés avec la tige, faire ensuite en une
heure un angle de 106 degrés. Les deux pétioles
opposés ne se meuvent pas ensemble, et l'un d'eux
est parfois dressé au point d'être près de la tige,
tandis que l'autre n'est pas éloigné de l'horizonta-

lité. La portion basilaire du pétiole se meut moins
que la partie qui correspond au limbe. Les vrilles,
bien que portées par les pétioles et les entre-nœuds
qui se meuvent, ont elles-mêmes un mouvement
spontané; et les vrilles opposées se meuvent parfois
dans des directions opposées. A l'aide de ces mouvements réunis des jeunes entre-nœuds, des pétioles et des vrilles, la plante parcourt un espace
considérable à la recherche d'un support.

Chez les jeunes plantes, les vrilles ont une longueur de 7^c,6 environ; elles portent deux divisions latérales et deux terminales; chacune se
bifurque deux fois; les extrémités sont terminées
en doubles crochets mousses avec les deux pointes
dirigées du même côté. Les ramifications sont sensibles sur toute leur circonférence; et, après avoir
été légèrement frottées ou après être venues au
contact d'un bâton, elles se courbent au bout de
10 minutes environ. Une de ces divisions qui,
après un léger frottement, s'était courbée en 10 minutes, continua à s'incurver pendant 3 à 4 heures
et se redressa en 8 ou 9 heures. Les vrilles qui n'ont
saisi aucun objet finissent par se contracter en
une spire irrégulière, comme elles le font également, mais seulement avec moins de rapidité, après
avoir saisi un support. Dans les deux cas, le pétiole principal, portant les folioles, d'abord droit et
incliné un peu en haut, se meut en bas avec la

partie moyenne courbée brusquement à angle droit ;
c'est ce qu'on voit plus clairement encore dans l'*E.
miniatus* que dans l'*E. scaber*. Dans ce genre, les
vrilles agissent à certains égards comme celles du
Bignonia capreolata; mais le tout ne se meut pas
en s'éloignant de la lumière et les extrémités crochues ne se développent pas en disques cellulaires.
Lorsque les vrilles sont venues au contact d'un
bâton cylindrique assez épais ou d'une écorce
rugueuse, on peut voir les diverses ramifications
se soulever lentement, changer leur position et
arriver de nouveau au contact de la surface du
support. Le but de ces mouvements est d'amener
en contact avec le bois les doubles crochets aux
extrémités des branches qui naturellement s'allon-
gent dans toutes les directions. J'ai observé une
vrille, dont la moitié s'était courbée à angle droit
autour du coin tranchant d'un poteau carré, amener habilement chaque crochet au contact des
deux surfaces rectangulaires. L'aspect de cette
disposition suggérait l'idée que si toute la vrille
n'est pas sensible à la lumière, du moins les extrémités le sont et qu'elles se tournent et se tordent
vers une surface opaque quelconque. En dernier
lieu, les ramifications s'adaptent très bien à toutes
les irrégularités de l'écorce la plus rugueuse, de
manière à ressembler dans leur course irrégulière
à une rivière avec ses affluents, tels qu'ils sont

représentés sur une carte. Mais quand une vrille
s'est enroulée autour d'un bâton assez épais, la
contraction spiralée qui suit l'éloigne en général
et détruit ce bel arrangement. Il en est de même,
mais non pas d'une manière aussi marquée, quand
une vrille s'est répandue sur la surface large,
presque aplatie, d'une écorce rugueuse. Nous pouvons par conséquent conclure que ces vrilles ne
sont pas parfaitement adaptées pour saisir des tuteurs assez épais ou une écorce rugueuse. Si l'on
place un bâton mince ou un rameau auprès d'une
vrille, les ramifications terminales s'enroulent tout
à fait autour d'eux et saisissent alors leurs propres
branches inférieures ou la tige principale. Le tuteur
est ainsi saisi solidement, mais non régulièrement.
Les vrilles semblent être réellement adaptées pour
des objets tels que les minces chaumes de certaines
graminées ou les crins longs et flexibles d'une
brosse, ou bien les feuilles minces et rigides,
comme celles de l'asperge, qui toutes sont saisies
d'une manière admirable. Ceci est dû à ce que les
extrémités des divisions rapprochées des petits crochets sont extrêmement sensibles au contact de
l'objet le plus mince autour duquel par conséquent
elles s'enroulent en s'y accrochant. Quand une
petite brosse, par exemple, était placée près d'une
vrille, les extrémités de chaque ramification secondaire saisissaient un, deux ou trois de ses crins; et

alors la contraction en spirale des différentes ramifications rapprochait toutes ces petites parties, en sorte que trente ou quarante crins étaient réunis en un seul faisceau qui fournissait un excellent support.

POLEMONIACEÆ. — *Cobœa scandens.* — C'est une plante grimpante admirablement constituée. Sur un beau pied, les vrilles avaient une longueur de 28 centim. avec le pétiole qui portait deux paires de folioles longues seulement de 6°,3. Elles s'enroulent plus rapidement et plus vigoureusement que celles de toute autre plante à vrilles que j'ai observée, à l'exception d'une espèce de *Passiflora*. Trois grandes révolutions presque circulaires, dirigées en sens inverse du soleil, furent accomplies chacune en 1 heure 15 minutes; et deux autres en 1 heure 20 minutes et 1 heure 23 minutes. Une vrille s'élève tantôt très inclinée et tantôt presque verticale. Le mouvement de la partie inférieure est faible et celui du pétiole nul; les entre-nœuds ne s'enroulent pas, en sorte qu'ici la vrille seule est en mouvement. D'autre part, chez le plus grand nombre des espèces de *Bignonia* et d'*Eccremocarpus,* les entre-nœuds, les vrilles et les pétioles accomplissaient tous des mouvements révolutifs. La tige principale, longue, droite, effilée de la vrille du *Cobœa* porte des ramifications alternes; chacune est divisée plusieurs fois; les divisions

les plus fines sont aussi ténues que des crins
très minces et extrêmement flexibles, en sorte
qu'elles sont soulevées par le moindre souffle d'air :
cependant elles sont fortes et très élastiques. L'extrémité de chaque division est un peu aplatie et se
termine en un petit crochet double (quoique parfois simple) formé d'une substance dure, transparente, ligneuse et aussi aiguë que l'aiguille la plus
fine. Sur une vrille qui avait une longueur de
28 centimètres, je comptai jusqu'à quatre-vingt-
quatorze de ces petits crochets admirablement conformés. Ils saisissaient promptement le bois mou,
les gants ou la peau de la main. A l'exception de
ces crochets durcis et de la portion basilaire de la
tige centrale, chacune des parties des divisions est
très sensible de tous les côtés à un léger attouchement et se courbe en quelques minutes vers la partie touchée. En frottant légèrement plusieurs divisions secondaires sur les côtés opposés, toute
la vrille prenait rapidement une forme très crochue. Ces mouvements produits par le contact sont
indépendants du mouvement révolutif ordinaire.
Les divisions, après s'être courbées considérablement à la suite d'un contact, se dressent plus
promptement que dans presque toutes les autres
vrilles que j'ai observées; savoir, en un espace de
temps qui varie entre une demi-heure et une heure.
Dès que la vrille a saisi un objet, la contraction en

spirale commence après un intervalle de temps exceptionnellement court, c'est-à-dire en 12 heures environ.

Avant que la vrille soit développée, les divisions terminales s'unissent et les crochets sont courbés en dedans. A cette période, il n'y a pas de partie sensible à un contact; mais dès que les branches divergent et que les crochets sont écartés, les vrilles acquièrent toutes leur sensibilité : c'est un fait singulier que les vrilles qui ne sont pas encore développées s'enroulent avec toute leur vitesse avant de devenir sensibles, mais sans aucune utilité; car, dans cet état, elles ne peuvent saisir aucun objet. Ce défaut de corrélation parfaite, bien que seulement de courte durée, entre la structure et les fonctions d'une plante grimpante, est un fait rare. Dès qu'une vrille est prête à agir, elle se dresse verticalement, ainsi que le pétiole qui la supporte. Les folioles du pétiole sont à cette époque très petites, et l'extrémité de la tige qui croît est infléchie d'un côté, de manière à ne pas gêner la vrille enroulante qui décrit de grands cercles au-dessus d'elle. Les vrilles s'enroulent ainsi dans une position très favorable pour saisir des objet situés au-dessus d'elles, et cette manœuvre favorise l'ascension de la plante. Si aucun objet n'est saisi, la feuille avec sa vrille se courbe en bas et finit par prendre une position horizontale. Il reste ainsi à

la vrille plus jeune qui lui succède un espace libre
pour se dresser verticalement et pour s'enrouler
librement. Aussitôt qu'une vieille vrille se courbe
en bas, elle perd toute faculté de mouvement et se
contracte en spirale en une masse confuse. Bien
que les vrilles accomplissent leur mouvement révolutif avec une rapidité exceptionnelle, le mouvement n'est que de courte durée. Sur un pied placé
en serre chaude et croissant vigoureusement, une
vrille ne s'enroula que pendant 36 heures, depuis
le moment où elle devint sensible pour la première
fois; mais, pendant cette période de temps, il est
probable qu'elle accomplit au moins vingt-sept révolutions.

Quand une vrille enroulante rencontre un bâton,
les branches se courbent promptement autour de
lui et le saisissent. Les petits crochets jouent ici un
rôle important, car ils empêchent les divisions
d'être entraînées par la rapidité du mouvement révolutif avant d'avoir eu le temps de saisir solidement le tuteur. C'est ce qui a lieu surtout lorsque
l'extrémité d'une division seulement s'est accrochée
à un support. Aussitôt qu'une vrille s'est courbée
autour d'un tuteur poli ou d'un gros poteau rugueux,
ou bien qu'elle est venue en contact avec du bois
raboté (car elle peut adhérer temporairement à une
surface aussi polie), on peut observer les mêmes
mouvements particuliers que ceux qui ont été dé-

crits pour le *Bignonia capreolata* et l'*Eccremocarpus*. Les branches oscillent fréquemment de bas en haut; celles qui ont leurs crochets déjà dirigés en bas restent dans cette position et assurent la vrille, tandis que les autres s'entortillent jusqu'à ce qu'elles aient réussi à se mouler sur les irrégularités de la surface et à mettre leurs crochets en contact avec le bois. L'utilité des crochets a été bien démontrée en donnant aux vrilles des tubes et des plaques de verre pour s'y accrocher; car ces objets, bien que saisis temporairement, étaient invariablement abandonnés, soit pendant le nouvel arrangement des divisions, ou finalement quand la contraction en spirale s'établissait.

La manière admirable dont les ramifications s'arrangent en rampant comme les radicelles sur chaque inégalité de la surface, et en pénétrant dans chaque crevasse, forme un joli tableau; ce résultat est peut-être obtenu d'une manière plus parfaite encore par cette espèce que par toute autre. L'effet est en tous cas plus évident, car les surfaces supérieures de la tige principale, ainsi que celles de chaque division jusqu'aux derniers crochets, sont angulaires et vertes, tandis que les surfaces inférieures sont arrondies et pourprées. Je fus conduit à conclure, comme dans les cas précédents, qu'une moins grande quantité de lumière dirigeait les mouvements des divisions de la vrille. Pour le démontrer, je fis plusieurs essais avec des cartes noires et blanches et avec des tubes de verre; mais j'échouai par suite de diverses circonstances; cependant ces essais confirmèrent mon opinion. Comme une vrille se compose d'une feuille divisée en segments nombreux, il n'est pas surprenant que tous les segments tournent leurs surfaces supérieures vers la lumière, aussitôt que la vrille est fixée et le mouvement révolutif arrêté. Mais cela ne rend pas compte de la totalité du mouvement, car les segments s'infléchissent ou se courbent en réalité vers le côté obscur, et de plus tournent circulairement autour de leurs axes, en sorte que leurs surfaces supérieures regardent la lumière.

Quand le *Cobœa* croît en plein air, le vent doit aider les vrilles, qui sont extrêmement flexibles, à atteindre un support; car j'ai constaté qu'un simple souffle suffisait pour que les extrémités des branches pussent saisir, à l'aide de leurs crochets, de petits rameaux qu'elles ne pouvaient atteindre par le seul mouvement révolutif. On aurait pu supposer qu'une vrille ainsi accrochée à l'extrémité d'une seule branche n'aurait pas pu saisir convenablement son support; mais plusieurs fois j'ai constaté des cas comme le suivant : une vrille saisissait un bâton mince avec les crochets d'une de ses deux divisions terminales; quoique maintenue ainsi par l'extrémité, elle essayait encore de s'enrouler en se courbant en arc de tous les côtés, et par suite de ce mouvement l'autre division terminale saisissait bientôt le bâton. Alors la première branche se détachait et à l'aide de ces crochets se fixait de nouveau. Après un certain temps, et par suite du mouvement continu de la vrille, les crochets d'une troisième division se fixaient à leur tour : dans cette position de la vrille, aucune autre division n'aurait pu toucher le bâton. Mais bientôt la partie supérieure de la tige principale commença à se contracter en une spire ouverte : elle entraînait ainsi vers le bâton la pousse qui portait la vrille ; et comme celle-ci essayait continuellement de s'enrouler, une quatrième division était mise en contact avec le tuteur. Enfin, par suite de la contraction en spirale se propageant en bas, la tige principale et les branches étaient mises l'une après l'autre en contact avec le bâton : elles s'enroulaient alors autour de lui et l'une autour de l'autre, jusqu'à ce que toute la vrille formât un nœud inextricable. Les vrilles, bien que d'abord tout à fait flexibles, devinrent, après avoir saisi pendant quelque temps un support, plus rigides et plus fortes qu'elles n'étaient auparavant. La plante est ainsi fixée sur son support d'une manière parfaite.

LEGUMINOSÆ. — *Pisum sativum*. — Le pois ordinaire a été le sujet d'un mémoire important[1] de

---

[1] *Comptes rendus,* t. XVII. 1843, p. 989.

Dutrochet, qui a découvert que les entre-nœuds et
les vrilles s'enroulent en ellipses. Ces ellipses sont
en général très allongées, mais se rapprochent parfois du cercle. J'ai observé plusieurs fois que le plus
grand axe changeait lentement de direction, ce
qui est important, parce que la vrille parcourt ainsi
un espace plus considérable. Grâce à ce changement de direction, ainsi qu'au mouvement de la
tige vers la lumière, les ellipses successives et irrégulières forment en général une spire irrégulière.
J'ai cru devoir annexer un tracé de la direction
suivie par l'entre-nœud supérieur (le mouvement
de la vrille étant négligé) d'une jeune plante depuis 8 heures 40 minutes du matin jusqu'à 9 heures
15 minutes du soir. Cette direction était tracée sur
une cloche hémisphérique placée au-dessus de la
plante et les points avec les chiffres donnent les
heures d'observation, chaque point étant réuni par
une ligne droite. Nul doute que toutes les lignes
n'eussent été curvilignes si la direction avait été
observée à de courts intervalles. L'extrémité du
pétiole d'où partait la jeune vrille était à 5 centimètres du verre, en sorte que si un crayon long de
5 centimètres avait pu être fixé au pétiole, il aurait tracé sur la face intérieure du verre la figure
ci-jointe : mais on ne doit pas oublier que la figure
est réduite de moitié. En négligeant le premier
grand mouvement décrit vers la lumière depuis les

chiffres 1 à 2, l'extrémité du pétiole parcourait un intervalle de 10°,2 dans un sens et de 7°,6 dans un autre. Comme une vrille complètement développée

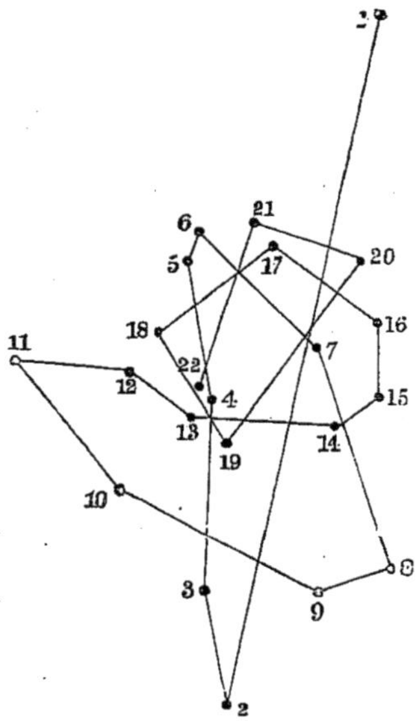

Côté de l'appartement avec fenêtre.

Fig. 6.

Diagramme montrant le mouvement de l'entre-nœud du Pois ordinaire tracé sur une cloche hémisphérique, reporté sur papier et réduit de moitié (1er août)

Nº	H. M.	Nº	H. M.	Nº	H. M.
1........	8 46 matin.	9........	1 55 soir.	16........	5 25 soir.
2........	10 0 »	10........	2 25 »	17........	5 50 »
3........	11 0 »	11........	3 0 »	18........	6 25 »
4........	11 37 »	12........	3 30 »	19........	7 0 »
5........	12 7 soir.	13........	3 48 »	20........	7 45 »
6........	12 30 »	14........	4 40 »	21........	8 30 »
7........	1 0 »	15........	5 5 »	22........	9 15 »
8........	1 30 »				

a beaucoup plus de 5 centimètres de longueur, et comme la vrille elle-même se courbe et s'enroule d'accord avec l'entre-nœud, l'espace par-

couru est plus considérable que celui représenté
d'après une échelle réduite. Dutrochet a observé
une ellipse complétée en 1 heure 20 minutes, et
j'en ai vu une autre achevée en 1 heure 30 minutes.
La direction suivie est variable, soit dans le sens
du soleil, soit en sens inverse du soleil.

Dutrochet affirme que les pétioles des feuilles
ainsi que les jeunes entre-nœuds et les vrilles s'enroulent spontanément; mais il ne dit pas s'il fixait
les entre-nœuds. Quand je répétai l'expérience, je
ne pus jamais découvrir de mouvement dans le
pétiole, excepté vers la lumière ou en s'éloignant
d'elle.

D'autre part, les vrilles, quand les entre-nœuds
et les pétioles sont fixés, décrivent des spires irrégulières ou des ellipses régulières, exactement semblables à celles décrites par les entre-nœuds. Une
jeune vrille longue de 2ᶜ,8 seulement accomplit un
mouvement révolutif. Dutrochet a montré que lorsqu'une plante est placée dans un appartement de
façon à ce que la lumière entre latéralement, les
entre-nœuds marchent beaucoup plus vite vers la
lumière que vers l'obscurité. De plus, il assure
que la vrille elle-même se meut de la lumière vers
le côté obscur de l'appartement. Malgré tout le
respect dû à ce grand observateur, je crois qu'il a
commis une méprise, parce qu'il n'avait pas fixé
les entre-nœuds. Je choisis une jeune plante avec

des vrilles très sensibles et je liai le pétiole de façon à ce que la vrille seule pût se mouvoir ; elle traça une ellipse parfaite en 1 heure 30 minutes ; je fis mouvoir alors en partie la plante circulairement, mais cela n'amena aucun changement dans la direction de l'ellipse suivante. Le lendemain, j'observai une plante attachée de la même manière jusqu'à ce que la vrille (qui était très sensible) accomplît une ellipse en se dirigeant en ligne droite vers la lumière ou en s'en éloignant ; le mouvement était si considérable que la vrille aux deux extrémités de sa marche elliptique se courba un peu au-dessous du plan horizontal, parcourant ainsi plus de 180 degrés : mais la courbure était aussi considérable dans le sens de la lumière que vers le côté obscur de la chambre. Je crois que Dutrochet s'est mépris parce qu'il n'a pas fixé les entre-nœuds et qu'il a étudié une plante dont les entre-nœuds et les vrilles ne se courbaient plus régulièrement ensemble par suite de leur différence d'âge.

Dutrochet n'a pas fait d'observations sur la sensibilité des vrilles. Celles-ci sont très sensibles lorsqu'elles sont jeunes et longues de 2^c,5 environ, et que les folioles du pétiole sont à peine développées. Un seul attouchement léger avec une petite branche sur la surface inférieure ou concave près du sommet les fit rapidement courber ; une anse de fil pesant 9,25 milligrammes produisit parfois le même effet. La surface supérieure ou convexe est à peine ou même nullement sensible. Les vrilles, après s'être courbées par suite d'un attouchement, se redressent au bout de deux heures environ et sont alors prêtes à agir de nouveau. Dès qu'elles commencent à vieillir, les extrémités de leurs deux ou trois paires de divisions deviennent crochues, et elles sembleraient devoir former un excellent appareil de préhension ; mais ce n'est pas le cas ; car, à cette période, elles ont en général perdu entièrement leur sensibilité. Quand elles s'accrochaient à de petites branches, les unes n'étaient nullement impressionnées et les autres ne saisissaient les branches qu'au bout de dix-huit à vingt-quatre heures ; néanmoins elles purent utiliser leur dernier vestige d'irritabilité, grâce à leurs extrémités crochues. En définitive, les divisions latérales se contractent en spirale, mais non la division moyenne ou principale.

Lathyrus aphaca. — Cette plante est dépourvue de feuilles, excepté lorsqu'elle est encore très jeune, celles-ci étant remplacées par des vrilles, et les feuilles elles-mêmes par de grandes stipules. On aurait pu, par conséquent, s'attendre à ce que les vrilles eussent été très bien organisées, mais il n'en est rien : elles sont assez longues, minces et non ramifiées, avec leurs extrémités légèrement courbées. Quand elles sont jeunes, elles sont sensibles de tous les côtés, mais principalement sur le bord concave de l'extrémité. Ces vrilles ne possèdent pas la faculté d'enroulement spontané; elles sont d'abord inclinées en haut d'un angle d'environ 45 degrés, puis deviennent horizontales et enfin se dirigent en bas. D'autre part, les jeunes entre-nœuds s'enroulent en ellipses et portent les vrilles. Deux ellipses furent décrites, chacune en cinq heures environ; leurs grands axes étaient dirigés suivant un angle d'environ 45 degrés, comparativement à l'axe de l'ellipse précédente.

Lathyrus grandiflorus. — Les plantes observées étaient jeunes et leur croissance, sans être vigoureuse, l'était cependant assez pour que mes observations inspirent de la confiance. Cela étant ainsi, nous trouvons le fait rare d'entre-nœuds et de vrilles qui ne s'enroulent pas. Les vrilles des plantes vigoureuses ont une longueur de 10 centimètres environ et sont souvent divisées deux fois en trois branches; leurs extrémités sont courbées et sensibles sur leurs bords concaves; la partie inférieure de la tige centrale est à peine sensible. Cette plante semble donc grimper simplement à l'aide de ses vrilles, qui sont mises en contact par la croissance de la tige ou d'une manière plus efficace par le vent avec les objets environnants auxquels elles s'accrochent. J'ajouterai que les vrilles ou les entre-nœuds du

Vicia sativa ou tous les deux accomplissent un mouvement révolutif.

Compositæ. — *Mutisia clematis.* — On sait que l'immense famille des Composées renferme très peu de plantes grimpantes. Nous avons vu dans le tableau du premier chapitre que le *Mikania scandens* est une plante essentiellement volubile, et F. Müller m'apprend que dans le Brésil méridional il y en a une autre espèce qui grimpe à l'aide de ses feuilles. Le *Mutisia* est, à ma connaissance, le seul genre de cette famille qui porte des vrilles; il est par conséquent intéressant de voir qu'elles exécutent tous les mouvements caractéristiques ordinaires, aussi bien ceux qui sont spontanés que ceux qui sont excités par le contact, quoique la métamorphose de feuilles en vrilles ne soit pas aussi parfaite que dans d'autres plantes à vrilles.

La longue feuille porte sept ou huit folioles alternes et se termine en une vrille qui, sur un pied d'une dimension considérable, avait une longueur de 12^c,7. Elle se compose en général de trois divisions; et celles-ci, quoique très allongées, représentent d'une manière évidente les pétioles et les nervures moyennes de trois folioles; car elles ont une étroite ressemblance avec les mêmes parties d'une feuille ordinaire : elles sont en effet rectangulaires à la surface supérieure, sillonnées et bordées de vert. De plus, la bordure verte des vrilles des jeunes plantes s'épanouit quelquefois en un limbe ou une lame étroite. Chaque division est un peu courbée en bas et légèrement crochue à l'extrémité.

Un jeune entre-nœud supérieur s'enroulait, à en juger par trois révolutions, avec une vitesse moyenne de 1 heure 38 minutes; il décrivait des ellipses dont les grands axes étaient dirigés réciproquement à angle droit l'un de l'autre. Les pétioles et les vrilles sont constamment en mouvement; mais leur mouvement est plus lent et beaucoup moins régulièrement elliptique que celui des entre-nœuds. Ils semblent être très sensibles à la lumière, car la feuille entière s'affaisse dans la nuit et se redresse dans le jour, se mouvant ainsi pendant la journée dans une direction sinueuse vers l'ouest. L'extrémité de la vrille est très sensible à la surface inférieure, et l'une de ces extrémités, que l'on avait à peine touchée avec une petite branche, se courba sensiblement en 3 minutes et une autre en 5 minutes; la surface supérieure n'est nullement sensible, les côtés le sont peu, en sorte que deux divisions dont les côtés internes étaient frottés, convergeaient et s'entre-croisaient. Le pétiole de la feuille et les parties inférieures de la vrille mi-chemin entre la foliole supérieure et la division inférieure sont insensibles. Une vrille, après s'être enroulée à la suite d'un contact, se redressa en 6 heures environ et elle était prête à recommencer;

mais une autre, qui avait été frottée assez rudement pour se recoquiller en hélice, ne devint parfaitement droite qu'au bout de 13 heures. Les vrilles conservent leur sensibilité jusqu'à un âge très avancé; car une vrille portée par une feuille surmontée de cinq ou six autres feuilles complètement développées était cependant encore sensible. Si une vrille ne saisit aucun objet, au bout d'un laps considérable de temps les extrémités et divisions se courbent un peu en dedans; mais si elle saisit un objet, toute la vrille se contracte en spirale.

SMILACEÆ. — *Smilax aspera*, var. *maculata*. — Aug. Saint-Hilaire[1] considère les vrilles qui naissent, par paires, du pétiole comme étant des folioles latérales modifiées; mais Mohl (p. 41) les range parmi les stipules modifiées. Ces vrilles ont une longueur de 3°,8 à 4°,4; elles sont minces et ont des extrémités légèrement courbées et ponctuées. Elles s'écartent un peu l'une de l'autre et sont d'abord presque verticales. Quand on frotte légèrement un de leurs bords, elles se courbent lentement du côté frotté et se redressent ensuite de nouveau. Le bord postérieur ou convexe, mis en contact avec un bâton, se courbait d'une manière à peine sensible en une heure vingt minutes et ne l'entourait qu'au bout de quarante-huit heures;

---

[1] *Leçons de Botanique*, etc., 1841, p. 170.

le bord concave d'une autre vrille se courbait considérablement en deux heures et saisissait un
bâton en cinq heures. A mesure que les paires de
vrilles vieillissent, une vrille s'écarte de plus en
plus de l'autre, et toutes les deux s'incurvent len-

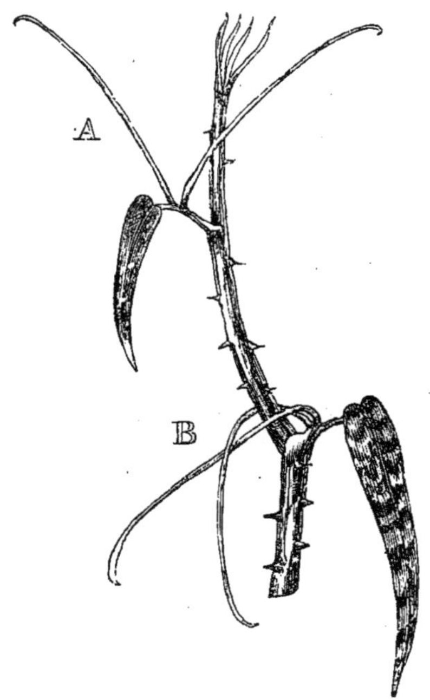

Fig. 7.

Smilax aspera.

tement en arrière et en bas, de sorte qu'au bout
d'un certain temps, elles se projettent sur la tige
du côté opposé à celui d'où elles partent. Elles
conservent même alors leur sensibilité et peuvent
saisir un support placé *derrière* la tige. Grâce à
cette faculté, la plante grimpe le long d'un tuteur

mince et vertical. En dernier lieu, les deux vrilles appartenant au même pétiole, si elles ne viennent pas en contact avec un objet, s'entre-croisent d'une manière lâche derrière la tige, comme en B, dans la figure 7. Ce mouvement des vrilles vers la tige et autour d'elle est, jusqu'à un certain point, provoqué par leur tendance à fuir la lumière; car lorsqu'une plante était placée de manière qu'une des deux vrilles était forcée, en se mouvant ainsi lentement, de se diriger vers la lumière et l'autre de la fuir, cette dernière se mouvait toujours, comme je l'ai observé maintes fois, plus rapidement que sa voisine. Dans aucun cas les vrilles ne se contractent en spirale. Leur chance de trouver un support dépend de la croissance de la plante, du vent, et de leur propre mouvement lent en arrière et en bas, lequel, comme nous venons de le voir, est provoqué, jusqu'à un certain point, par la tendance à fuir la lumière; car ni les entre-nœuds ni les vrilles n'ont de mouvement révolutif qui leur soit propre. Vu cette dernière circonstance ainsi que les mouvements lents des vrilles après le contact (quoique leur sensibilité soit conservée plus long-temps que d'habitude), vu leur structure simple et leur peu de longueur, cette espèce est une plante grimpante moins parfaite que tout autre végétal pourvu de vrilles que j'aie observé. Lorsque la plante est jeune et n'a que quelques centimètres de hauteur, elle ne produit pas de vrilles; et si l'on considère qu'elle atteint seulement en hauteur 2ᵐ,4 environ, que la tige est en zigzag et munie, ainsi que les pétioles, d'épines, il est surprenant que cette plante soit pourvue de vrilles, bien que celles-ci soient comparativement inefficaces. On pourrait penser que cette plante grimperait à l'aide de ses seules épines, comme nos ronces. Cependant, comme elle appartient à un genre dont plusieurs espèces sont pourvues de vrilles beaucoup plus longues, nous pouvons supposer qu'elle possède ces organes uniquement parce qu'elle descend d'ancêtres doués, sous ce rapport, d'une organisation plus parfaite.

Fumariaceæ. — *Corydalis claviculata.* — Suivant Mohl (p. 43), les extrémités de la tige ramifiée, ainsi que les feuilles, se convertissent en vrilles. Dans les spécimens que j'ai observés, toutes les vrilles étaient certainement foliacées, et il n'est guère croyable que la même plante produise des vrilles d'une nature homologue très différente. Néanmoins, suivant cette opinion de Mohl, j'ai rangé cette espèce parmi celles qui sont pourvues de vrilles; si on l'avait classée exclusivement d'après ses vrilles foliacées, on aurait dû la placer, avec ses alliées *Fumaria* et *Adlumia*, parmi celles qui grimpent à l'aide de leurs feuilles. La majeure partie de ses soi-disant vrilles porte encore des folioles, quoique excessivement réduites en dimension; mais quelques-unes d'entre elles peuvent être appelées des vrilles, car elles sont complètement dépourvues de lames ou de limbe. Par conséquent, nous voyons ici une plante dans sa période actuelle de transition de l'état de plante grimpant à l'aide de ses feuilles à celui d'une plante pourvue de vrilles. Quand la plante est assez jeune, les feuilles extérieures seulement, mais quand elle est arrivée au terme de sa croissance, toutes les feuilles ont leurs extrémités converties en vrilles plus ou moins parfaites. J'ai examiné des spécimens d'une seule contrée, le Hampshire, et il est possible que des plantes croissant dans des conditions différentes aient leurs feuilles plus ou moins transformées en véritables vrilles.

Quand la plante est tout à fait jeune, les premières feuilles formées ne sont nullement modifiées; mais celles qui se développent ensuite ont leurs folioles terminales réduites en dimension, et bientôt toutes les feuilles affectent la structure représentée dans la figure suivante. Cette feuille portait neuf folioles, dont les inférieures étaient très subdivisées. La portion terminale du pétiole, d'une longueur de 3°,8 (au-dessus de la foliole f), est plus mince et plus allongée que la portion inférieure, et peut être considérée comme une vrille. Les folioles portées par cette partie sont considérablement réduites en dimension; elles ont, en moyenne, une longueur de 0°,25 et sont très étroites; une petite foliole mesurait 0°,21 en longueur, et en largeur 2^{mm},116 et 0^{mm},339, en sorte qu'elle était presque microscopique. Toutes les folioles réduites ont des nervures ramifiées et se terminent en petites épines, comme celles des folioles complètement développées. Par des gradations insensibles, on arrive aux ramifications (telles que a et d dans la figure) qui ne présentent aucune trace de lame ou de limbe. Parfois toutes les branches terminales du pétiole sont dans cet état, et nous avons alors sous les yeux une véritable vrille.

Les diverses ramifications terminales du pétiole qui portent les folioles très réduites (a, b, c, d) sont très sensibles, car une anse de fil pesant seulement 4,05 milligr. les fit courber considérablement en moins de quatre heures. Quand l'anse était enlevée, les pétioles se redressaient dans le même temps environ. Le pétiole (e) était un peu moins sensible; et chez un autre spécimen, sur lequel le pétiole correspondant portait des folioles un peu plus larges, une anse de fil pesant 8 milligr. ne déterminait la courbure qu'au bout de 18 heures. Les anses de fil pesant 16 milligr., laissées suspendues aux pétioles inférieurs (f à l) pendant plusieurs jours, ne produisirent aucun effet. Cependant les trois pétioles *f, g* et *h* n'étaient pas tout à fait insensibles, car, maintenus en contact avec un bâton pendant un jour ou deux, ils s'enroulèrent lentement autour de lui. Ainsi la sensibilité du

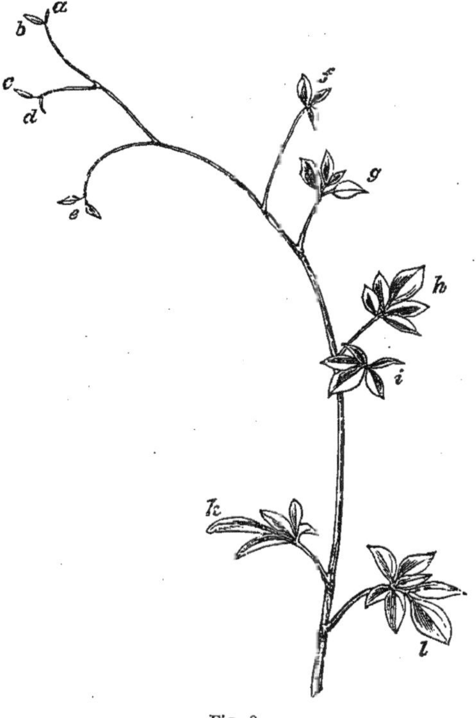

Fig. 8.

Corydalis claviculata.

Vrille foliaire de grandeur naturelle.

pétiole diminue graduellement depuis l'extrémité en forme de vrille jusqu'à la base. Les entre-nœuds de la tige ne sont nullement sensibles, ce qui rend d'autant plus surprenante, pour ne pas dire improbable, l'assertion de Mohl, que les entre-nœuds sont parfois convertis en vrilles.

Toute la feuille, quand elle est jeune et sensible, se tient presque verticalement en haut, comme nous avons vu que c'est le cas pour beaucoup de vrilles. Elle est continuellement en mouvement, et une vrille que j'ai observée décrivit, avec une vitesse moyenne de 2 heures environ pour chaque révolution, de grandes ellipses, quoique irrégulières, qui étaient tantôt étroites, tantôt larges, avec leurs grands axes dirigés vers les différents points de l'horizon. Les jeunes entre-nœuds s'enroulaient irrégulièrement en ellipses ou en spires, en sorte que, par suite de ces mouvements combinés, un espace considérable était décrit à la recherche d'un support. Si la portion terminale et amincie d'un pétiole ne parvient pas à saisir un objet, elle finit par s'incurver en bas et en dedans, et elle perd bientôt toute irritabilité et toute faculté de se mouvoir. Cette courbure en bas diffère beaucoup de celle qui se produit dans les extrémités des jeunes feuilles chez plusieurs espèces de *Clematis,* car celles-ci, quand elles sont ainsi courbées en bas ou crochues, acquièrent alors toute leur sensibilité.

Dicentra thalictrifolia. — Dans cette plante alliée, la métamorphose des folioles terminales est complète, et elles se convertissent en vrilles parfaites. Quand la plante est jeune, les vrilles apparaissent comme des branches modifiées, et un botaniste distingué croyait qu'elles étaient de cette nature; mais, dans une plante complètement développée, nul doute, comme me l'a assuré le Dr Hooker, qu'elles ne soient des feuilles modifiées. Leur longueur dépasse 12°,7; elles se bifurquent deux, trois ou même quatre fois; leurs extrémités sont crochues et mousses. Toutes les ramifications des vrilles sont sensibles sur tous les côtés, mais la portion basilaire de la tige principale ne l'est que faiblement. Les portions terminales, frottées légèrement avec une petite branche, se courbaient au bout de 30 à 42 minutes et se redressaient en 10 à 20 heures. Une anse de fil pesant 8 milligr. faisait courber sensiblement les branches plus minces, comme le faisait parfois une anse pesant 4 milligr.; mais ce dernier poids, quoique laissé suspendu, ne suffisait pas pour produire une flexion permanente. Toute la feuille avec sa vrille, ainsi que les jeunes entre-nœuds supérieurs, s'enroulent vigoureusement et rapidement, bien qu'irrégulièrement, et parcourent ainsi un espace considérable. La figure représentée sur une cloche en verre était soit une spire irrégulière, soit une ligne en zigzag. La figure qui se rapprochait le plus d'une ellipse était un 8 de chiffre allongé, avec une extrémité un peu ouverte et qui était complétée en 1 heure 53 minutes. En 6 heures 17 minutes, une autre tige décrivit une figure complexe représentant trois ellipses et demie. Quand la partie inférieure du pétiole portant les folioles était solidement fixée, la vrille elle-même décrivait des figures semblables, mais beaucoup plus petites.

Cette espèce grimpe parfaitement. Après avoir saisi un bâton, les vrilles deviennent plus épaisses et plus rigides; mais les crochets mousses ne tournent pas et ne s'adaptent pas à la surface du support, comme le font si bien plusieurs Bignoniacées et le *Cobœa*. Les vrilles des jeunes plantes de 60 à 90 centimètres de haut ont seulement la moitié de la longueur de celles portées par la même plante quand elle a une taille plus élevée, et elles ne se contractent pas en spirale après avoir saisi un support, mais deviennent légèrement flexueuses. D'autre part, des vrilles arrivées à toute leur croissance se contractent en spirale, à l'exception de la grosse portion basilaire. Les vrilles qui n'ont rien saisi se courbent simplement en bas et en dedans, comme les extrémités des feuilles du *Corydalis claviculata*. Mais, dans tous les cas, après un certain temps, le pétiole se courbe angulairement et brusquement en bas, comme celui de l'*Eccremocarpus*.

CHAPITRE IV.

PLANTES POURVUES DE VRILLES

(*Suite*).

Cucurbitaceæ. — Nature homologue des vrilles. — *Echinocystis lobata,* mouvements remarquables des vrilles pour éviter de saisir la pousse terminale. — Vrilles non excitables par le contact avec une autre vrille ou par des gouttes d'eau. — Mouvement ondulatoire de l'extrémité de la vrille. — *Hanburya,* disques adhésifs. — *Vitaceæ.* — Gradation entre les pédoncules floraux et les vrilles de la vigne. — Les vrilles de la vigne vierge fuient la lumière, et, après le contact, développent des disques adhésifs. — *Sapindaceæ.* — *Passifloraceæ.* — *Passiflora gracilis.* — Rapidité du mouvement révolutif et sensibilité des vrilles. — Insensibilité au contact d'autres vrilles ou de gouttes d'eau. — Contraction spiralée des vrilles. — Résumé de la nature et de l'action des vrilles.

CUCURBITACEÆ. — Dans cette famille, les vrilles ont été considérées par des autorités compétentes comme des feuilles, des stipules ou des branches modifiées, ou comme étant partiellement rameau et feuille. De Candolle croit que dans deux des tribus les vrilles diffèrent dans leur homologie[1]. D'après

---

[1] Je suis redevable au Prof. Oliver de renseignements sur ce point. Dans le *Bulletin de la Société botanique de France,* 1857, on trouve de nombreuses discussions sur la nature des vrilles dans cette famille.

des faits récents, M. Berkeley pense que l'opinion
de Payer est la plus probable : savoir, que la vrille
est « une portion séparée de la feuille elle-même » ;
mais il y aurait beaucoup à dire en faveur de l'opinion d'après laquelle elle serait un pédoncule floral
modifié [1].

Echinocystis lobata. — J'ai fait de nombreuses
observations sur cette plante (élevée de graines que
m'avait envoyées le professeur Asa Gray) ; les mouvements spontanés révolutifs des entre-nœuds et
des vrilles, observés par moi pour la première fois,
dans cette espèce, m'ont jeté dans une grande per-
plexité. Mes observations peuvent actuellement être
résumées. J'ai observé trente-cinq révolutions des
entre-nœuds et des vrilles ; le minimum de vitesse
était de 2 heures, et la moyenne, sans grands écarts,
de 1 heure 40 minutes. Tantôt je liai les entre-nœuds,
en sorte que les vrilles seules se mouvaient ; tantôt
je coupai les vrilles pendant qu'elles étaient très
jeunes, de manière que les entre-nœuds s'enroulaient par eux-mêmes ; mais la vitesse n'en était pas

---

[1] *Gardener's Chronicle*, 1864, p. 721. D'après l'affinité des
Cucurbitacées avec les *Passifloracées,* on pourrait arguer que
les vrilles des premières sont des pédoncules floraux modifiés,
comme cela est certainement le cas dans les Passiflores.
M. R. Holland (Hardwicke's *Science Gossip,* 1865, p. 105)
rapporte « que dans son jardin, croissait, il y a quelques années, un concombre dont un des courts piquants du fruit s'était
développé en une vrille longue et courbée ».

modifiée. La direction en général suivait celle du soleil, mais souvent elle était en sens opposé. Parfois le mouvement s'arrêtait pendant peu de temps, ou était renversé; effet dû évidemment à l'intervention de la lumière, comme par exemple lorsque je plaçais la plante près d'une fenêtre. Dans un cas, une vieille vrille qui avait presque cessé son mouvement révolutif se mouvait dans un sens, tandis qu'une jeune vrille au-dessus se mouvait dans un sens opposé. Les deux entre-nœuds supérieurs seuls s'enroulent, et aussitôt que l'entre-nœud inférieur vieillit, sa partie supérieure seulement continue à se mouvoir. Les ellipses ou cercles décrits par les sommets des entre-nœuds ont environ 7°,6 de diamètre, tandis que ceux décrits par les extrémités des vrilles ont de 38 à 41 centimètres de diamètre. Pendant le mouvement révolutif, les entre-nœuds se courbent successivement vers tous les points de l'horizon : dans une portion de leur course, ils s'inclinent souvent, ainsi que les vrilles, de 45° environ vers l'horizon, et dans une autre portion, ils sont verticaux. L'aspect des entre-nœuds enroulants donnait continuellement la fausse idée que leur mouvement était dû au poids de la longue vrille s'enroulant spontanément, mais en la coupant avec des ciseaux bien affilés, le sommet de la tige se dressait seulement un peu et continuait à s'enrouler. Cette fausse apparence dépend évidemment des entre-nœuds et des vrilles qui se courbent et se meuvent harmonieusement ensemble.

Une vrille enroulante, bien qu'inclinée durant la plus grande partie de sa course d'un angle de 45° environ (dans un cas, de 37° seulement) au-dessus de l'horizon, devenait rigide et se dressait du sommet à la base dans une certaine portion de son trajet, se tenant ainsi verticalement ou à peu près. Je fus témoin fréquemment de ce phénomène : il se produisait à la fois quand les entre-nœuds de support étaient libres et quand ils étaient attachés ; mais il était peut-être plus marqué dans ce dernier cas ou bien lorsque toute la tige se trouvait être fortement inclinée. La vrille forme un angle très aigu avec l'extrémité supérieure de la tige ou de la pousse, et la rigidité avait toujours lieu à mesure que la vrille approchait ou avait à passer au-dessus de la pousse dans sa course circulaire. Si elle n'avait pas possédé et exercé cette faculté curieuse, elle aurait infailliblement rencontré l'extrémité de la pousse et aurait été arrêtée. Aussitôt que la vrille, avec ses trois branches, commence à devenir rigide et à passer d'une position inclinée à une position verticale, le mouvement révolutif devient plus rapide ; et, dès que la vrille a réussi à dépasser ainsi l'extrémité de la pousse au point de difficulté, son mouvement, coïncidant avec celui dû à son poids, la fait souvent tomber dans sa position primitivement inclinée, et cela avec une telle rapidité, que l'on pouvait voir son sommet marchant comme la petite aiguille d'une montre gigantesque.

Les vrilles sont minces, ont une longueur de 18 à 23 centimètres, avec une paire de branches latérales courtes s'élevant non loin de la base. L'extrémité est courbée légèrement et d'une manière permanente, de manière à agir jusqu'à un certain point comme un crochet. Le bord concave de l'extrémité est très sensible à un attouchement, mais il n'en est pas ainsi pour le bord convexe, comme Mohl l'avait également observé chez d'autres espèces de cette famille (p. 65). Je constatai maintes fois cette différence en frottant légèrement à quatre ou cinq reprises le bord convexe d'une vrille et une ou deux fois seulement le bord concave d'une autre vrille; cette dernière seule se courbait en dedans. Ensuite, au bout de quelques heures, quand les vrilles qui avaient été frottées sur le bord concave se dressaient, je frottai le bord opposé et toujours sans résultat. Après avoir touché le bord concave, l'extrémité se courbe sensiblement en une ou deux minutes, et même, si l'attouchement a été un peu rude, elle se contourne en hélice; mais, au bout de quelque temps, l'hélice se dresse et est de nouveau prête à agir. Une anse de fil mince pesant 4 milligrammes déterminait une flexion temporaire. Un frottement assez rude et répété de la partie inférieure ne provoquait aucune courbure; cependant cette partie est sensible à une pression prolongée, car, lorsqu'elle venait en contact avec un bâton, elle s'enroulait lentement autour de lui.

Une de mes plantes portait deux pousses rapprochées et les vrilles s'entre-croisaient, mais c'est un fait singulier qu'elles ne s'accrochèrent pas une seule fois entre elles. Il semblerait qu'elles s'étaient habituées à un contact de cette espèce, car la pression ainsi produite doit avoir été beaucoup plus grande que celle déterminée par une anse de fil mou pesant seulement 4 milligr. J'ai vu cependant plusieurs vrilles de *Bryonia dioïca* entrelacées, mais elles se détachaient ensuite l'une de l'autre. Les vrilles de l'*Echinocystis* sont également habituées à des gouttes d'eau ou à la pluie, car une pluie artificielle produite en les aspergeant violemment avec une brosse humide ne produisait pas le moindre effet.

Le mouvement révolutif d'une vrille n'est pas arrêté par la courbure de l'extrémité après qu'elle a été touchée. Quand une des divisions latérales a saisi solidement un objet, la division médiane continue à s'enrouler. Lorsqu'une tige est courbée en bas et assujettie de manière à ce que la vrille pende, tout en conservant sa liberté d'action, son mouvement primitif de révolution est presque ou complètement arrêté; mais elle commence bientôt à se courber en haut, et aussitôt qu'elle est devenue horizontale, le mouvement révolutif recommence. J'ai répété cette expérience quatre fois; en général, la vrille devenait horizontale en une heure ou une heure et demie; mais, dans un cas où une vrille pendait suivant un angle de 45° au-dessous de l'horizon, le redressement eut lieu en 2 heures; une demi-heure après, elle s'éleva à 23° au-dessus de l'horizon, et puis elle recommença à s'enrouler. Ce mouvement vertical est indépendant de l'action de la lumière, car il eut lieu deux fois dans l'obscurité, et une fois la lumière n'arrivant que d'un côté seulement. Sans doute le mouvement est déterminé par la résistance à la pesanteur, comme dans le cas du redressement de la plumule des graines en germination.

Une vrille ne conserve pas longtemps sa faculté d'enroulement, et aussitôt qu'elle l'a perdue, elle se courbe en bas et se contracte en spirale. Après que le mouvement révolutif a cessé, l'extrémité est encore pendant peu de temps sensible au contact; mais ceci ne peut être que peu ou point utile à la plante.

Quoique la vrille soit très flexible, et que, dans

les circonstances favorables, l'extrémité marche
avec une vitesse de 2°,5 environ en deux minutes
et quart; cependant sa sensibilité au contact est si
grande, qu'elle réussit presque toujours à saisir
un bâton mince placé sur son trajet. Le cas suivant
me surprit beaucoup : je plaçai un bâton mince,
poli, cylindrique (et je répétai l'expérience sept
fois), à une distance telle d'une vrille, que la
moitié ou les trois quarts de son extrémité pouvaient seulement s'enrouler autour du bâton; mais
j'ai toujours trouvé que l'extrémité parvenait, au
bout de quelques heures, à s'enrouler deux ou trois
fois autour de lui. Je crus d'abord que cela était
dû à l'accroissement rapide de la partie externe;
mais, à l'aide des mesures et de points colorés, je
vérifiai qu'il n'y avait pas eu pendant ce temps
d'accroissement sensible en longueur. Quand un
bâton plat d'un côté était placé pareillement, l'extrémité de la vrille ne pouvait pas s'enrouler au
delà de la surface plate, mais elle se repliait en
une hélice qui, tournant vers un côté, restait à
plat sur la petite surface plate du bois. Dans un
cas, une portion de vrille longue de 1°,9 était
ainsi entraînée vers la surface plate par l'hélice,
qui se repliait en dedans. Mais la vrille ne prend
ainsi qu'un point d'appui très peu solide et, en
général, elle ne tarde pas à se détacher. Une fois
seulement l'hélice se déroula plus tard, et l'extré-

mité, se contournant alors circulairement, embrassa le bâton. La formation de l'hélice sur le bord plat du tuteur nous montre, sans doute, que l'effort continuel de l'extrémité pour s'enrouler étroitement en dedans est la force qui entraîne la vrille autour d'un corps cylindrique et poli. Dans ce dernier cas, pendant que la vrille rampait en avant, lentement et d'une manière tout à fait insensible, j'observai à plusieurs reprises, à travers une loupe, que toute la surface n'était pas étroitement en contact avec le bâton. Je ne puis donc comprendre le mouvement progressif qu'en le supposant légèrement ondulatoire ou vermiculaire, de façon que l'extrémité se dresse alternativement un peu, puis se courbe de nouveau en dedans. La pousse se traîne ainsi en avant par un mouvement insensible, lent, alternatif, qui peut être comparé à celui d'un homme vigoureux suspendu par les extrémités des doigts à une barre horizontale et qui pousse ses doigts en avant jusqu'à ce qu'il puisse saisir la barre avec la paume de la main. Quoi qu'il en soit, il est certain qu'une vrille qui a saisi un bâton arrondi avec l'extrémité de sa pointe peut se mouvoir en avant jusqu'à ce qu'elle ait passé deux ou même trois fois autour du bâton et qu'elle l'ait embrassé d'une manière permanente.

Hanburya mexicana. — Les jeunes entre-nœuds et les vrilles de cette espèce anomale s'enroulent

de la même manière et avec la même vitesse
environ que ceux de l'*Echinocystis*. La tige ne se
contourne pas en hélice, mais elle peut s'élever le
long d'un tuteur vertical à l'aide de ses vrilles.
L'extrémité concave de la vrille est très sensible;
après s'être repliée rapidement en un anneau par
suite d'un seul attouchement, elle se redressa en
50 minutes. Quand la vrille est en pleine activité,
elle se tient verticalement, l'extrémité saillante
de la jeune tige étant déjetée un peu de côté, de
manière à être hors du chemin; mais la vrille
porte sur le bord interne, près de sa base, une
branche courte et rigide qui se projette à angle
droit comme un éperon, avec la moitié terminale
arquée un peu vers le bas. Il s'ensuit qu'à mesure
que la principale branche verticale s'enroule,
l'éperon, par suite de sa position et de sa rigidité,
ne peut pas passer au-dessus de l'extrémité de la
tige, comme cela a lieu d'une manière curieuse
pour les trois divisions de la vrille de l'*Echinocystis,* c'est-à-dire en devenant rigide au point
convenable. L'éperon est, par conséquent, pressé
latéralement contre la jeune tige dans une partie
de son mouvement révolutif, et le trajet de la
partie inférieure de la branche principale est
très raccourci. Un joli cas d'adaptation se mani-
feste ici : dans toutes les autres vrilles que j'ai
observées, les diverses branches deviennent sen-

sibles à la même période; s'il en eût été ainsi chez le *Hanburya,* la division, à forme d'éperon, dirigée en dedans, par suite de sa pression pendant le mouvement révolutif contre l'extrémité saillante de la tige, l'aurait infailliblement saisie d'une manière inutile ou nuisible. Mais la branche principale de la vrille, après s'être enroulée pendant quelque temps dans une position verticale, s'infléchit spontanément en bas, et ce mouvement élève la division à forme d'éperon qui se courbe en haut, en sorte que, par ces mouvements combinés, elle dépasse l'extrémité saillante de la tige et peut alors se mouvoir librement sans toucher la tige : c'est à partir de ce moment qu'elle devient sensible.

Les pointes des deux divisions, quand elles viennent en contact avec un bâton, le saisissent à la manière d'une vrille ordinaire. Mais, au bout de quelques jours, la surface inférieure se gonfle et se développe en une couche celluleuse qui s'adapte intimement au bois et y adhère solidement. Cette couche est analogue aux disques adhésifs formés par les extrémités des vrilles de plusieurs espèces de *Bignonia* et d'*Ampelopsis;* mais, dans le *Hanburya,* la couche se développe le long de la surface terminale interne, parfois sur une longueur de 4°,4, et non à l'extrémité de la pointe. La couche est blanche, tandis que la vrille est verte, et, près du sommet, elle est parfois plus épaisse que la vrille elle-même; elle s'étend généralement un peu au delà des bords de la vrille et est bordée de cellules libres allongées qui ont des têtes globuleuses en forme de cornues. Cette couche celluleuse sécrète évidemment quelque ciment résineux, car son adhérence au bois n'était pas diminuée par une immersion de 24 heures dans l'alcool ou dans l'eau; mais elle se détachait complètement à la suite d'une immersion semblable dans l'éther ou la térébenthine. Après qu'une vrille s'est une fois repliée solidement autour d'un bâton, il est difficile d'imaginer quelle peut être l'utilité de la couche celluleuse adhésive. Grâce à la contraction spiralée qui suit bientôt, les vrilles n'étaient. jamais capables de rester, excepté dans un cas, en contact avec un tuteur épais ou une surface presque plate; si elles s'étaient attachées promptement, à l'aide de la couche celluleuse, cela aurait pu évidemment être utile à la plante.

Les vrilles du *Bryonia dioica,* du *Cucurbita ovifera* et du *Cucumis sativa* sont sensibles et s'enroulent. Je n'ai pas observé si les entre-nœuds s'enroulaient également. Dans l'*Anguria Warscewiczii,* les entre-nœuds, quoique épais et rigides, s'enroulent; chez cette plante, la surface inférieure de la vrille, peu de temps après avoir saisi un

bâton, produit une couche grossièrement celluleuse ou un coussin qui s'adapte étroitement au
bois, comme celle qui est formée par la vrille du
Hanburya; mais elle n'est nullement adhésive.
Dans le *Zanonia indica,* qui appartient à une
tribu différente de cette famille, les vrilles fourchues et les entre-nœuds s'enroulent au bout de
2 heures 8 minutes et 3 heures 35 minutes, en se
mouvant en sens inverse du soleil [1].

[1] Mon beau-père, le professeur Ch. Martins, a examiné les
vrilles d'une autre Cucurbitacée, l'*Abobra viridiflora,* Naud.,
qui ont beaucoup d'analogie avec celles du *Bryonia dioïca :*
ce sont d'abord de longs filaments rectilignes qui se courbent
ensuite à leur extrémité en forme de crochet à concavité inférieure. Lorsque ces vrilles viennent à toucher un support, elles
l'embrassent en rampant et en formant une spire autour de
lui ; ensuite la partie encore rectiligne commence à s'enrouler
en hélice par l'extrémité qui a saisi le support. Cette hélice se
contourne ordinairement de gauche à droite, puis elle change
de direction et se contourne de droite à gauche jusqu'au point
où la vrille tient à la tige de la plante. Quelquefois il y a deux
points de rebroussement sur la longueur de la vrille. (Voy.
fig. 13 et Sachs, *Traité de Botanique,* fig. 455, représentant
une vrille de *Bryonia dioïca.*) L'effet de cet enroulement en
hélice c'est de rapprocher la tige du support que la vrille a
saisi. En même temps cette vrille grossit comme les pétioles
préhenseurs des feuilles du *Solanum jasminoïdes* et de la
Clématite : il en résulte que la tige de l'*Abobra* se trouve soutenue par des liens à la fois forts et élastiques. Son poids ou
l'effort du vent ne sauraient la détacher de son support ; en
effet, les tours de l'hélice s'écartent alors l'un de l'autre, mais
ils se rapprochent de nouveau dès que l'effort cesse et la tige
revient à sa position primitive. Quand la vrille ne saisit rien,
elle se recoquille sur elle-même en formant une hélice confuse
et irrégulière. *(Note du Traducteur.)*

Vitaceæ. — Dans cette famille et dans les deux suivantes, savoir les *Sapindacées* et les *Passifloracées*, les vrilles sont des pédoncules floraux modifiés et de nature axile. Sous ce rapport, elles diffèrent de toutes celles précédemment décrites, à l'exception peut-être des *Cucurbitacées*. Cependant la nature homologique d'une vrille ne semble pas produire de différence dans son action.

Vitis vinifera. — La vrille est épaisse et très longue ; celle d'une vigne croissant en plein air et peu vigoureuse avait 76ᶜ,2 de long. Elle se compose d'un pédoncule (A) portant deux branches qui divergent également. L'une des branches (B) a une écaille à sa base ; elle est toujours, autant que j'ai pu le voir, plus longue que l'autre et se bifurque souvent. Quand on frotte les divisions, elles se courbent et se redressent ensuite. Après qu'une vrille a saisi un objet avec son extrémité, elle se contracte en spirale ; mais ceci n'a pas lieu (Palm, p. 56) quand aucun objet n'a été saisi. Les vrilles se meuvent spontanément d'un côté à l'autre, et, par une journée très chaude, l'une d'elles a accompli deux révolutions elliptiques avec une vitesse moyenne de 2 heures 15 minutes. Pendant ces mouvements, une ligne colorée tracée le long de la surface convexe apparaissait, après quelque temps, sur un côté, puis sur le côté concave, ensuite sur le côté opposé et,

en dernier lieu, de nouveau sur le côté convexe.
Les deux branches de la même vrille ont des
mouvements indépendants. Après qu'une vrille
s'est enroulée spontanément pendant quelque
temps, elle se courbe en se dirigeant de la lumière
vers l'obscurité. Je ne mentionne pas ce fait

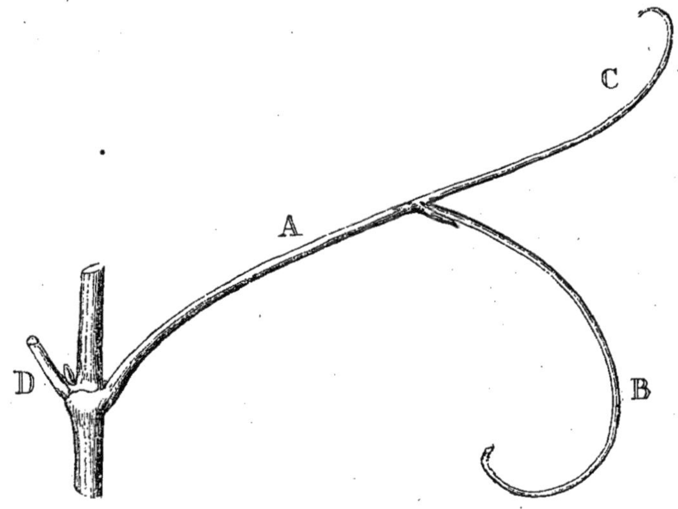

Fig. 9. — Vrille de la vigne.

A. Pédoncule de la vrille. — B. Division plus longue avec une écaille à sa base.
C. Division plus courte. — D. Division de la feuille opposée.

d'après ma propre expérience, mais d'après celle
de Mohl et de Dutrochet. Mohl dit que, sur une
vigne plantée contre un mur, les vrilles se dirigent vers lui, et, dans un vignoble généralement, plus ou moins vers le nord.

Les jeunes entre-nœuds s'enroulent spontanément, mais le mouvement est très peu marqué.

Une vigne faisait face à une fenêtre, et je traçai sa marche sur le verre pendant deux journées parfaitement calmes et chaudes. Durant une de ces journées, elle décrivit, au bout de dix heures, une spire, représentant deux ellipses et demie. Je plaçai également une cloche en verre sur une jeune vigne de muscat dans la serre chaude, et elle accomplit chaque jour trois ou quatre révolutions ovales très petites, la tige se mouvant de moins d'un centimètre d'un côté à l'autre. Si elle n'avait accompli au moins trois révolutions pendant que le ciel était uniformément couvert, j'aurais attribué ce léger degré de mouvement à l'action variable de la lumière. L'extrémité de la tige est plus ou moins courbée en bas, mais elle ne renverse jamais sa courbure, comme cela a lieu généralement pour les plantes volubiles.

Divers auteurs (Palm, p. 55; Mohl, p. 45; Lindley, etc.) croient que les vrilles de la vigne sont des pédoncules floraux modifiés. Je donne ici la figure 10 représentant l'état ordinaire d'une jeune tige fleurie; elle se compose du pédoncule commun (A), de la vrille florale (B), qui est représentée après avoir saisi une petite branche, et d'un pédoncule secondaire (C) portant les boutons de fleurs. Le tout se meut spontanément comme une véritable vrille, mais à un degré moindre; cependant le mouvement est plus consi-

dérable quand le pédoncule secondaire (C) ne porte
que peu de boutons floraux. Le pédoncule commun A
et la partie correspondant à une véritable vrille
n'ont pas la faculté de saisir un support. La vrille
florale B est toujours plus longue que le pédoncule

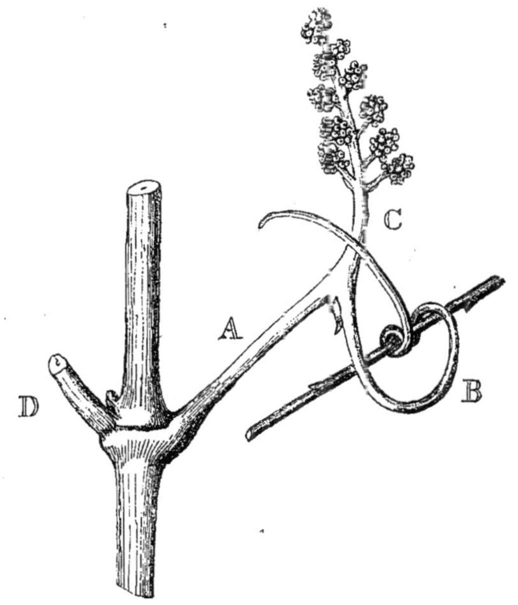

Fig. 10. — Tige fleurie de la vigne.

A. Pédoncule commun. — B. Vrille florale avec une écaille à sa base.
C. Pédoncule secondaire portant les boutons de fleurs. — D. Pétiole de la feuille
opposée.

secondaire (C) et a une écaille à sa base ; elle se
bifurque quelquefois et correspond par conséquent,
dans les moindres détails, avec la division plus
longue, munie d'une écaille (B, fig. 9), qui constitue la véritable vrille. Elle est cependant incli-

née en arrière du pédoncule secondaire C ou se tient à angle droit avec lui, et s'adapte pour porter la future grappe de raisin. Quand on la frotte, elle se courbe, se redresse ensuite et peut, comme on le voit dans la figure, embrasser solidement un support. J'ai vu un objet aussi mou qu'une jeune feuille de vigne saisie par l'une d'elles.

La partie inférieure et nue du pédoncule secondaire (C) est aussi légèrement sensible à un frottement, et je l'ai vue se courber autour d'un bâton et même en partie autour d'une feuille avec laquelle elle s'était trouvée en contact. On reconnaît que le pédoncule secondaire, quand il porte seulement quelques fleurs, est de la même nature que la division correspondante d'une vrille ordinaire, car, dans ce cas, il devient moins ramifié, augmente de longueur et gagne à la fois en sensibilité et en faculté de mouvement spontané. J'ai observé deux fois des pédoncules secondaires qui portaient de trente à quarante boutons de fleurs et qui, s'étant considérablement allongés, étaient complètement enroulés autour de bâtons, exactement comme de véritables vrilles. Un autre pédoncule secondaire, portant onze boutons de fleurs, se courba rapidement dans toute sa longueur quand on l'eut frotté légèrement; mais même ce petit nombre de fleurs rendit ce pédoncule moins sensible que l'autre branche, c'est-à-dire la vrille florale, car cette dernière, après un léger frottement, se courbait plus vite et à un degré plus marqué. J'ai vu un pédoncule secondaire couvert de boutons de fleurs avec une de ses petites ramifications latérales des plus élevées qui n'en portaient par hasard que deux; celle-ci s'était considérablement allongée et avait spontanément saisi un rameau voisin : elle formait, en réalité, une petite vrille secondaire. La longueur croissante du pédoncule secondaire (C) avec le nombre décroissant des boutons de fleurs est une excellente preuve de la loi de compensation. Conformément au même principe, la véritable vrille, considérée dans son ensemble, est toujours plus longue que le pédoncule fleuri; ainsi, sur la même plante, le plus long pédoncule fleuri (mesuré de la base du pédoncule commun à l'extrémité de la vrille florale) avait 21^c,5, tandis que la plus longue vrille avait presque le double de cette longueur, c'est-à-dire 40^c,6.

Les passages de l'état ordinaire d'un pédoncule fleuri (comme on le voit dans la figure 10) à celui d'une véritable vrille (fig. 9) sont complets. Nous avons vu que le pédoncule secondaire (C), quoiqu'il porte de trente à quarante boutons de fleurs, s'allonge parfois un peu et revêt partiellement tous les caractères de la branche correspondante d'une véritable vrille. A partir de cet état, nous pouvons suivre chaque transition jusqu'à ce que nous arrivions à une véritable vrille parfaitement développée, portant sur la branche qui correspond au pédoncule secondaire un seul bouton de fleur. Par conséquent, on ne peut mettre en doute que la vrille ne soit un pédoncule floral modifié.

Une autre sorte de gradation mérite d'être mentionnée. Les vrilles florales telles que B, fig. 10, produisent parfois quelques boutons de fleurs. Par exemple, sur une vigne qui croissait contre ma maison, il y avait treize et vingt-deux boutons de fleurs placés respectivement sur deux vrilles florales qui conservaient encore leurs qualités caractéristiques de sensibilité et de mouvement spontané, mais à un degré moindre. Sur les vignes en serre chaude, il y a parfois production d'un si grand nombre de vrilles florales, qu'il en résulte une double grappe de raisin : c'est ce que les jardiniers, en langage technique, désignent sous le nom de *cluster*. Dans cet état, le bouquet de fleurs ressemble à peine à une vrille, et, à en juger par les faits déjà cités, serait probablement peu susceptible de saisir un support ou de se mouvoir spontanément. Ces pédoncules fleuris rappellent d'une manière frappante ceux des *Cissus*. Ce genre, appartenant à la même famille des *Vitacées,* produit des vrilles bien développées et des bouquets de fleurs ; mais il n'y a point de passage entre ces deux états. Si le genre *Vitis* avait été inconnu, le partisan le plus convaincu de la modification des espèces n'aurait jamais supposé que le même individu, à la même période de développement, pût présenter tous les passages imaginables entre les pédoncules floraux ordinaires destinés à supporter des fleurs et des fruits et les vrilles utilisées uniquement pour grimper. Mais la vigne nous en offre une preuve évidente, qui me paraît être un exemple de transition aussi frappant et aussi curieux qu'on puisse l'imaginer.

Cissus discolor. — Les jeunes pousses ne présentent d'autres mouvements que ceux dont on peut se rendre compte par les variations journalières dans l'action de la lumière. Cependant les vrilles s'enroulent avec beaucoup de régularité en suivant le soleil, et, dans les plantes que j'ai observées, elles décrivaient des cercles de 13 centimètres environ de diamètre. Cinq révolutions furent accomplies dans les temps suivants : 4 heures 45 minutes, 4 heures 50 minutes, 4 heures 45 minutes, 4 heures 30 minutes et 5 heures. La même vrille continue à s'enrouler pendant trois ou quatre jours. Les vrilles ont de 9 centimètres à 12°,8 de longueur. Elles sont formées d'un long pétiole portant deux branches courtes qui, dans les vieilles plantes, se bifurquent de nouveau. Les deux divisions n'ont pas tout à fait la même longueur, et, comme dans la vigne, la plus longue a une écaille à sa base. La vrille est verticale; l'extrémité de la pousse est courbée brusquement en bas, et cette position est probablement utile à la plante en permettant à la vrille de s'enrouler librement et verticalement.

Les deux branches de la vrille, quand elle est jeune, sont extrêmement sensibles. Un attouchement avec un crayon mince, assez délicat pour déplacer à peine une vrille portée à l'extrémité d'une tige longue et flexible, a suffi pour la faire courber d'une quantité appréciable en 4 ou 5 minutes; elle se redressa en un peu plus d'une heure. Une anse de fil mou, pesant un septième de grain (9,25 milligr.), fut essayée trois fois, et chaque fois elle faisait courber la vrille en 30 ou 40 minutes. La moitié de ce poids ne produisait pas d'effet. Le long pétiole est bien moins sensible, car un léger frottement n'était suivi d'aucun effet, quoiqu'un contact prolongé contre un bâton le fît courber. Les deux branches sont sensibles de tous les côtés, en sorte qu'elles convergent si on touche leurs bords internes et qu'elles divergent si on touche leurs bords externes. Une branche étant touchée en même temps avec une égale force sur les côtés opposés, les deux côtés sont également stimulés et il n'y a pas de mouvement. Avant d'examiner cette plante, j'avais observé seulement des vrilles qui sont sensibles sur un seul côté; quand on les pressait légèrement entre un doigt et le pouce, elles se courbaient; mais, en pinçant ainsi plusieurs fois les vrilles du *Cissus,* il n'en résultait aucune courbure, et je conclus faussement tout d'abord qu'elles n'étaient nullement sensibles.

Cissus antarcticus. — Sur une jeune plante, les vrilles étaient épaisses et droites, avec les extrémités un peu courbées. Quand leurs surfaces concaves furent frottées, ce qu'il était nécessaire de faire avec une certaine force, elles se courbèrent très lentement et puis se redressèrent. Elles sont, par conséquent, beaucoup moins sensibles que celles de la dernière espèce; mais elles accomplissaient un peu plus rapidement deux révolutions en suivant le soleil, savoir : en 3 heures 30 minutes et en 4 heures. Les entre-nœuds ne s'enroulaient pas.

Ampelopsis hederacea (vigne vierge). — Les mouvements des entre-nœuds s'expliquent suffisamment par l'action variable de la lumière. Les vrilles ont une longueur de 10 à 13 centimètres en comprenant la tige principale; elles émettent plusieurs branches latérales qui ont leurs extrémités courbées, comme on peut le voir sur la figure 11,

et ne présentent pas de véritable mouvement révolutif spontané, mais se dirigent, comme Andrew
Knight[1] l'avait observé depuis longtemps, de la
lumière vers l'obscurité. J'ai vu plusieurs vrilles
se mouvoir et décrire en moins de 24 heures un
angle de 180° vers le côté obscur d'une caisse dans
laquelle une plante était placée; mais parfois le
mouvement est beaucoup plus lent. Les diverses
ramifications latérales se meuvent souvent indépendamment l'une de l'autre, et quelquefois d'une
manière irrégulière, sans aucune cause apparente.
Ces vrilles sont moins sensibles à un attouchement
que toutes celles que j'ai observées. Par un
frottement léger, mais répété, avec un petit
rameau, les divisions latérales, mais non le pied
commun, se courbaient un peu en 3 ou 4 heures;
mais elles semblaient posséder à peine la faculté
de se redresser. Les vrilles d'une plante qui avait
envahi un gros buis s'accrochèrent à plusieurs de
ses branches; mais j'ai vu maintes fois qu'elles
se retiraient après avoir saisi un bâton. Quand
elles rencontrent une surface plate de bois ou
une muraille, et tel est évidemment leur mode
d'adaptation, elles dirigent toutes leurs branches
vers cette surface, les étalent au loin séparément,
et amènent leurs sommets crochus latéralement

[1] *Trans. Phil. Soc.*, 1812, p. 314.

en contact avec elle. Dans cet acte, les différentes branches, après avoir touché la surface, se dressent souvent, se placent dans une nouvelle position et viennent de nouveau en bas en contact avec elle.

Deux jours environ après qu'une vrille a disposé ses branches de manière à presser sur une surface quelconque, les extrémités courbées se gonflent, deviennent d'un rouge brillant, et forment sur leurs bords inférieurs les petits disques ou coussinets bien connus avec lesquels elles se fixent solidement. Dans un cas, les extrémités se gonflèrent légèrement en 38 heures après être arrivées au contact d'une brique; dans un autre cas, elles se gonflèrent considérablement en 48 heures, et après 24 heures de plus, elles étaient solidement attachées à une planche polie; en dernier lieu, les extrémités d'une plus jeune vrille non seulement se gonflèrent, mais se fixèrent en 42 heures à un mur enduit de stuc. Ces disques adhésifs ressemblent, sauf pour la couleur et la grosseur, à ceux du *Bignonia capreolata*. Quand ils se développaient au contact d'un paquet d'étoupe, les fibres étaient enveloppées séparément, mais non pas d'une manière aussi efficace que par le *B. capreolata*. Les disques ne se développent jamais, d'après ce que j'ai vu, sans le stimulus d'un contact au moins temporaire

avec un objet [1]. Ils se forment généralement
d'abord sur un côté de l'extrémité courbée, dont
la totalité change souvent tellement d'aspect,
qu'une ligne du tissu vert primitif ne peut être
suivie que le long de la surface concave. Cependant, quand une vrille a saisi un bâton cylindrique, un rebord irrégulier ou un disque se
forme parfois le long de la surface interne, à une
petite distance de l'extrémité courbée; c'est ce que
Mohl a observé aussi (p. 71). Les disques se composent de cellules agrandies, avec des surfaces
hémisphériques polies et saillantes colorées en
rouge; elles sont tout d'abord gorgées de fluide
(voy. une coupe donnée par Mohl, p. 70), mais
finissent par devenir ligneuses.

Les disques adhérant assez vite à des surfaces
polies, telles que du bois raboté ou peint, ou à la
feuille lisse du lierre, il est probable, par ce fait
seul, qu'ils sécrètent quelque ciment adhésif,

---

[1] Le D^r M'Nab (*Trans. Bot. Soc. Edinburgh*, vol. XI, p. 292)
remarque que les vrilles de l'*Ampelopsis Veitchii* portent
de petits disques globuleux avant de venir en contact avec un
objet; et depuis lors j'ai observé ce fait. Ces disques pourtant
augmentent considérablement de dimension s'ils pressent sur
une surface quelconque et y adhèrent. Par conséquent, les
vrilles d'une espèce d'*Ampelopsis* exigent le stimulus du contact pour le premier développement de leurs disques, tandis
que celles d'une autre espèce n'ont pas besoin d'un pareil stimulus. Nous avons vu un cas exactement semblable chez deux
espèces de Bignoniacées.

comme cela a été affirmé par Malpighi (mentionné par Mohl, p. 71). J'enlevai d'un mur enduit de stuc un certain nombre de cisques formés pendant l'année précédente, et je les laissai pendant plusieurs heures dans l'eau chaude, l'acide acétique et de l'alcool étendu; mais les grains adhérents de silex ne se détachèrent pas. L'immersion dans l'éther sulfurique pendant 24 heures en sépara un grand nombre, mais les huiles essentielles chauffées (l'huile de thym et l'huile de menthe poivrée) mirent complètement en liberté chaque fragment de pierre au bout de quelques heures. Ceci semble prouver que le ciment sécrété est de nature résineuse. La quantité cependant doit être petite, car, quand une plante grimpait le long d'un mur enduit légèrement d'un lait de chaux, les disques adhéraient solidement à cet enduit; mais, comme le ciment adhésif ne pénétrait jamais à travers la couche mince d'enduit, on pouvait les retirer facilement en même temps que les petites écailles de lait de chaux. Il ne faut pas supposer que l'adhérence s'effectue exclusivement par le ciment, car l'excroissance cellulaire enveloppe chaque petite saillie irrégulière et s'insinue dans chaque crevasse.

Une vrille non adhérente ne se contracte pas en spirale, et, au bout d'une semaine ou deux, elle se ratatine en un fil des plus fins, se dessèche et tombe. D'autre part, une vrille adhérente se contracte en spirale et devient ainsi très élastique, en sorte que, lorsqu'on tire sur le pétiole principal, l'effort se distribue également entre tous les disques adhérents. Pendant quelques jours après l'adhérence des disques, la vrille reste faible et cassante, mais elle augmente rapidement d'épaisseur et acquiert une grande force. L'hiver suivant, elle cesse de vivre, mais tient solidement, quoique morte, à la fois à sa propre tige et à la surface d'adhérence. Dans la figure 11, on voit la différence d'une vrille (B) plusieurs semaines après son adhérence à un mur et d'une vrille (A) de la même plante complètement développée, mais libre. Les ramifications latérales qui ne sont pas adhérentes montrent bien que le changement dans la nature des tissus ainsi que la contraction spiralée résultent de la formation des disques, car ces ramifications, au bout d'une semaine ou deux, se flétrissent et tombent, comme le font les vrilles qui ne sont pas fixées. Ce que gagne en force et en durée une vrille après son adhérence est vraiment surprenant. Il y a en ce moment des vrilles adhérentes à ma maison; elles sont encore vigoureuses, quoique mortes, et exposées aux intempéries atmosphériques depuis 14 à 15 ans. Une seule petite ramification latérale d'une vrille qui pouvait bien avoir au moins dix ans, était

encore élastique et supportait un poids équivalent
de 740 grammes. Toute la vrille avait cinq rami-

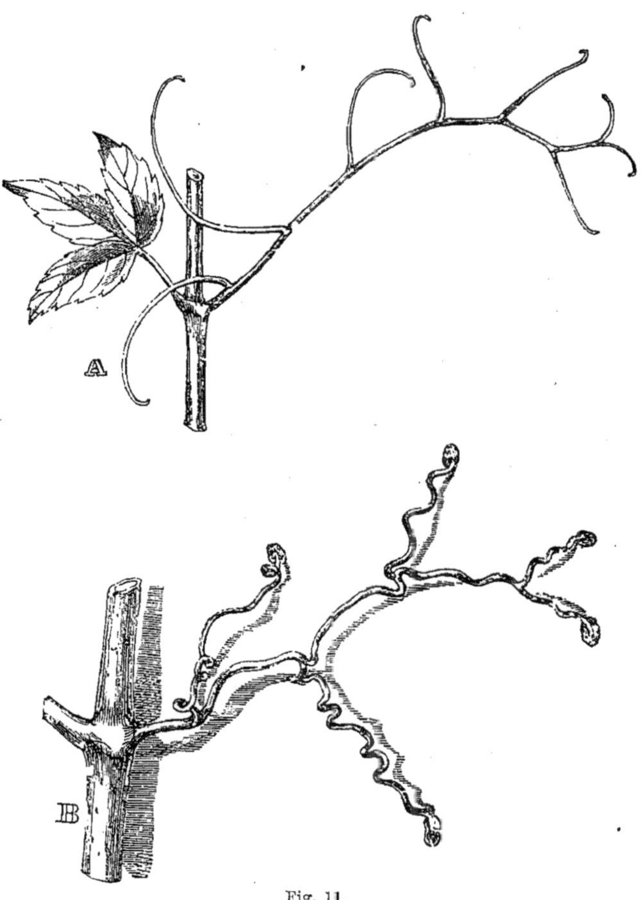

Fig. 11.

Ampelopsis hederacea.

A. Vrille complètement développée avec une jeune feuille sur le côté opposé de la
tige.

B. Vrille plus âgée, plusieurs semaines après son adhérence à un mur, avec ses
ramifications épaissies et contractées en spirale et avec les extrémités développées
en disque. Les ramifications libres de cette vrille se sont flétries et sont tombées.

fications portant des disques d'une égale épaisseur
et en apparence d'une égale force, en sorte qu'après

avoir été exposée pendant dix ans à tous les temps, elle aurait probablement supporté un poids de dix livres.

Sapindaceæ. *Cardiospermum halicacabum.* — Dans cette famille, comme dans la dernière, les vrilles sont des pédoncules floraux modifiés. Chez cette espèce en particulier, les deux divisions latérales du pédoncule floral principal ont été converties en une paire de vrilles, correspondant avec l'unique « vrille florale » de la vigne ordinaire. Le pédoncule principal est mince, rigide et long de 7,6 à 11 centimètres. Près du sommet, au-dessus de deux petites bractées, il se divise en trois branches : la moyenne se divise, se subdivise et porte les fleurs; en dernier lieu, il devient de nouveau moitié aussi long que les deux autres branches modifiées. Ces dernières sont les vrilles; elles sont d'abord plus épaisses et plus longues que la branche moyenne, mais n'atteignent jamais plus de $2^c,5$ de longueur. Elles s'effilent en pointe et sont aplaties; la surface inférieure qui saisit est dépourvue de poils. Dirigées d'abord directement en haut, mais divergeant bientôt, elles se courbent spontanément en bas, de manière à former deux crochets symétriques et gracieux, comme le représente la figure 12. Pendant que les bourgeons floraux sont encore petits, elles sont alors prêtes à agir.

Les deux ou trois entre-nœuds supérieurs, quand ils sont jeunes, s'enroulent régulièrement. Dans une plante, ils accomplirent deux révolutions, en sens inverse du soleil, en 3 heures 12 minutes; dans une autre plante, le même espace fut parcouru et les deux révolutions furent achevées en 3 heures 41 minutes; dans une troisième plante, les entre-nœuds suivirent le soleil et

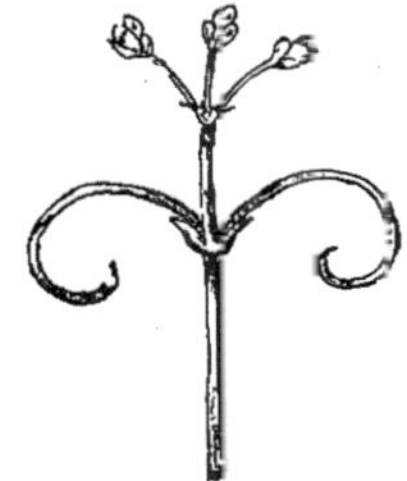

Fig. 12.

Cardiospermum halicaccbum.

Partie supérieure du pédoncule floral avec ses deux vrilles.

accomplirent deux révolutions en 3 heures 47 minutes. La vitesse moyenne de ces six révolutions a été de 1 heure 46 minutes. La tige ne montre aucune tendance à s'enrouler en spirale autour d'un support; mais Mohl dit (p. 4) que le genre voisin, pourvu de vrilles, le *Paullinia,* est volubile. Les pédoncules floraux qui sont en haut, au-dessus de l'extrémité de la tige, sont entraînés circulairement par le mouvement révolutif des entre-nœuds; et, quand la tige est fixée solide-

ment, on voit les pédoncules floraux eux-mêmes,
longs et minces, se mouvoir d'une manière continue et parfois rapide d'un côté à l'autre. Ils
parcourent un espace considérable, mais s'enroulent occasionnellement en décrivant une ellipse
régulière. Par suite des mouvements combinés des
entre-nœuds et des pédoncules, une des deux
vrilles courtes et crochues saisit tôt ou tard un
rameau ou une branche, et alors elle se courbe
circulairement et s'y accroche solidement. Ces
vrilles, cependant, sont peu sensibles, car, en
frottant leur surface inférieure, ce n'est qu'au
bout d'un certain temps qu'on produit un léger
mouvement. J'accrochai une vrille à une petite
branche, et, en 1 heure 45 minutes, elle était
courbée considérablement en dedans; en 2 heures
30 minutes, elle formait un anneau, et, au bout
de 5 à 6 heures depuis le moment où elle avait été
accrochée, elle avait saisi étroitement la branche.
Une seconde vrille opéra avec la même rapidité;
mais j'en observai une qui mit 24 heures avant
de s'enrouler deux fois autour d'une mince petite
branche. Les vrilles qui n'ont rien saisi se reco-
quillent au bout de quelques jours en une hélice
serrée. Celles qui sont enroulées autour d'un objet
deviennent bientôt un peu plus épaisses et rigides.
Le long et mince pédoncule principal, bien que
se mouvant spontanément, n'est pas sensible et ne

saisit jamais un support. De plus, il ne se contracte jamais en spirale , quoique des contrac-
tions de ce genre eussent été utiles sans nul doute
à la plante pour s'élever. Néanmoins elle grimpe
assez bien sans ce secours. Les capsules sémini-
fères, bien que légères, ont une dimension énorme
(d'où le nom anglais de *balloon-vine*), et, comme
le même pédoncule en porte deux ou trois, les
vrilles qui naissent près d'elles peuvent être utiles
pour empêcher qu'elles ne soient mises en pièces
par le vent. Dans la serre chaude, les vrilles
servaient simplement à grimper.

La position des vrilles suffit à elle seule pour
montrer leur nature homologique. Dans deux cas,
une des deux vrilles produisit une fleur à son
sommet; ceci ne l'empêcha pas cependant d'agir
convenablement et de s'enrouler autour d'une
petite branche. Dans un troisième cas, les deux
branches latérales, qui auraient dû être modifiées
en vrilles, ont produit des fleurs comme la
branche centrale, et elles avaient tout à fait perdu
leur structure de vrille.

J'ai vu, mais sans être à même de l'observer

---

[1] Fritz Müller remarque (*l. c.*, p. 348) qu'un genre voisin,
Serjania, diffère du *Cardiospermum* en ce qu'il ne porte
qu'une seule vrille, et en ce que le pédoncule commun se
contracte en spirale quand la vrille, comme cela arrive fréquemment, a saisi la tige même de la plante.

avec soin, une autre Sapindacée grimpante, le *Paullinia*. Cette plante n'était pas en fleur; cependant elle portait de longues vrilles fourchues, en sorte que le *Paullinia,* en ce qui concerne ses vrilles, a les mêmes rapports avec le *Cardiospermum* que le *Cissus* avec le *Vitis*.

Passifloraceæ. — Après la lecture de la discussion et des faits avancés par Mohl (p. 47) sur la nature des vrilles dans cette famille, on ne saurait mettre en doute qu'elles ne soient des pédoncules floraux modifiés. Les vrilles et les pédoncules floraux naissent à côté l'un de l'autre, et mon fils, William E. Darwin, a fait pour moi des croquis de leur état primitif de développement dans l'hybride *P. floribunda*. Les deux organes apparaissent d'abord comme une seule papille qui se divise graduellement, en sorte que la vrille semble être une branche modifiée du pédoncule floral. Mon fils a trouvé une très jeune vrille surmontée de vestiges d'organes floraux, exactement comme ceux du sommet du véritable pédoncule floral dans son premier âge.

Passiflora gracilis. — Cette espèce annuelle, si bien nommée et si élégante, diffère des autres membres du groupe que j'ai observés, en ce que les jeunes entre-nœuds ont la faculté de s'enrouler. Elle l'emporte sur toutes les autres plantes grimpantes que j'ai examinées par la rapidité de ses mouvements, et sur toutes celles pourvues de vrilles par la sensibilité de ces organes. L'entre-nœud qui porte la vrille supérieure active, et qui porte également un ou deux entre-nœuds plus jeunes et non complètement mûrs, acheva trois révolutions, en suivant le soleil, avec une vitesse moyenne de 1 heure 4 minutes; puis, la journée étant devenue très chaude, il accomplit trois autres révolutions avec une vitesse moyenne qui variait entre 57 et 58 minutes; il en résulte que la moyenne de ces six révolutions a été de 1 heure 1 minute. Le sommet de la vrille décrit des ellipses allongées, tantôt serrées et tantôt larges, avec leurs plus longs axes inclinés dans des directions légèrement différentes. La plante peut s'élever le long d'un tuteur mince vertical à l'aide de ses vrilles; mais la tige est trop rigide pour s'enrouler autour de lui, même lorsque les vrilles sont successivement enlevées dès leur première apparition.

Quand la tige est assujettie, on voit les vrilles s'enrouler presque de la même manière et avec la même vitesse que les entre-nœuds [1]. Les vrilles

---

[1] Le professeur Asa Gray m'informe que les vrilles du *P. sicyoides* s'enroulent même plus rapidement que celles du *P. gracilis*; quatre révolutions furent achevées (la température variant de 31°,11 à 33°,33) dans les espaces de temps suivants : 40 minutes, 45 minutes, 38 minutes et demie et 46 minutes. Une demi-révolution fut accomplie en 15 minutes.

sont très minces, délicates et droites, à l'exception des extrémités, qui sont un peu courbées; elles ont une longueur de 17°,8 à 22°, 9. A moitié développpées, elles ne sont pas sensibles; mais quand elles le sont presque entièrement, alors leur sensibilité est extrême. Un simple attouchement très faible sur la surface concave de l'extrémité fit bientôt courber une vrille, et en 2 minutes elle forma une hélice ouverte. Une anse de fil mince, pesant 1/32 de grain (2,02 milligr.), placée très délicatement sur l'extrémité, détermina trois fois une inflexion évidente. Un morceau recourbé de fil de platine mince, pesant seulement 1/50 de grain (1,23 millig.), produisit deux fois le même effet; mais ce poids, quand on le laissait suspendu, ne suffisait pas pour amener une courbure permanente. Ces essais furent faits sous une cloche en verre, de sorte que les anses de ces divers fils n'étaient pas agitées par le vent. Le mouvement, après un attouchement, est très rapide. Je saisis la partie inférieure de plusieurs vrilles, je touchai alors leurs extrémités concaves avec une petite branche mince et je les observai avec soin à la loupe; les extrémités commencèrent à se courber d'une manière évidente après les intervalles suivants, 31, 25, 32, 31, 28, 39, 31 et 30 secondes, en sorte que le mouvement était généralement appréciable une demi-minute après l'attouchement; mais, une fois, il fut distinctement visible au bout de 25 secondes. L'une des vrilles qui s'était courbée ainsi en 31 secondes avait été touchée deux heures auparavant et s'était recoquillée en hélice, de sorte que, dans cet intervalle, elle s'était redressée et avait entièrement recouvré son irritabilité.

Pour constater combien de fois la même vrille se courberait après un attouchement, je gardai une plante dans mon cabinet, qui, étant plus frais que la serre chaude, n'était pas très favorable à l'expérience. L'extrémité fut légèrement frottée quatre ou cinq fois avec une petite baguette, et ce frottement était répété aussi souvent qu'elle se redressait après avoir été infléchie; dans l'espace de 54 heures, elle répondit au stimulus 21 fois, formant chaque fois un crochet ou une spirale. La dernière fois, cependant, le mouvement fut très faible, et bientôt après commença une contraction permanente en spirale. Aucun essai ne fut fait pendant la nuit, de sorte que la vrille aurait peut-être répondu un plus grand nombre de fois au stimulus, bien que, d'autre part, n'ayant pas de repos, elle aurait pu être épuisée par suite de tant d'efforts répétés à de si courts intervalles.

Je renouvelai l'expérience faite sur l'*Echinocystis* et je plaçai plusieurs plantes de cette Passiflore si près les unes des autres, que leurs vrilles étaient souvent entrelacées entre elles; mais il n'en résultait aucune incurvation. J'ai également aspergé de petites gouttes d'eau, avec une brosse, un grand nombre de vrilles, et j'en seringuai d'autres avec tant de force, que toute la vrille était projetée çà et là; mais elles ne se courbèrent jamais. Ma main sentait beaucoup plus distinctement le choc des gouttes d'eau que celui des anses de fil pesant 1/32 de grain (2,02 milligr.) lorsqu'on les laissait tomber d'une certaine hauteur. Cependant ces anses, qui faisaient courber ces vrilles, avaient été placées très délicatement sur elles. Il est donc évident que les vrilles ou bien se sont habituées au contact des autres vrilles et des gouttes de pluie, ou bien qu'elles ont été, dès l'origine, rendues sensibles seulement à la pression prolongée, quoique extrêmement légère, d'objets solides à l'exclusion de celle des autres vrilles. Pour montrer la différence dans l'espèce de sensibilité chez diverses plantes, ainsi que la force de la seringue employée, je dois ajouter que le plus léger jet fit fermer instantanément les feuilles d'un *Mimosa,* tandis que l'anse de fil, pesant 1/32 de grain (2,02 milligr.), quand elle était roulée en bobine et placée délicatement sur les glandes aux bases des folioles du *Mimosa,* ne produisait aucun effet.

Passiflora punctata. — Les entre-nœuds ne se meuvent pas, mais les vrilles s'enroulent régulièrement. Une vrille à moitié développée et très sensible put accomplir trois révolutions en sens inverse du soleil, en 3 heures 5 minutes, 2 heures 40 minutes et 2 heures 50 minutes; peut-être aurait-elle marché plus rapidement si elle avait été à peu près complètement développée. Une plante fut placée devant une fenêtre, et, comme cela se voit sur les tiges volubiles, la lumière accéléra le mouvement de la vrille dans une direction et le retarda dans l'autre; le demi-cercle vers la lumière fut achevé dans un temps moindre de 15 minutes dans un cas et de 20 minutes dans un autre que celui exigé par le demi-cercle vers le côté obscur de la chambre. Si on considère l'extrême ténuité de ces vrilles, l'action de la lumière sur elles est remarquable. Les vrilles sont longues et, comme nous venons de le dire, très minces, avec l'extrémité légèrement courbée ou crochue. Le côté concave est extrêmement sensible à un attouchement, et même un simple contact le faisait courber en dedans; il se dressait ensuite et était encore de nouveau prêt à réagir. Une anse de fil mince, pesant 1/14 de grain (4,625 milligr.), fit courber l'extrémité; une autre fois, j'essayai de suspendre la même petite anse sur une vrille inclinée, mais trois fois elle glissa; cependant ce degré de friction, extraordinairement léger, suffisait pour faire courber l'extrémité. La vrille, quoique étant si sensible, ne se meut pas très vite après un contact; un mouvement visible ne survenait qu'au bout de 5 ou 10 minutes. Le côté convexe de l'extrémité n'est sensible ni à un attouchement ni à une anse de fil suspendue. J'observai une fois une vrille qui s'enroulait avec le côté convexe de l'extrémité en avant, et, par conséquent, elle ne pouvait pas saisir un bâton contre lequel elle frottait tandis que des vrilles qui s'enroulaient avec le côté concave en avant saisissaient promptement tout objet qui se trouvait à leur portée.

Passiflora quadrangularis. — C'est une espèce très distincte. Les vrilles sont épaisses, longues et rigides; elles sont seulement sensibles vers l'extrémité à un attouchement sur la surface concave. Quand un tuteur était placé de façon à ce que le milieu de la vrille vînt en contact avec lui, il n'en résultait pas de courbure. Dans la serre chaude, une vrille accomplit deux révolutions, chacune en 2 heures 22 minutes; dans une chambre fraîche, l'une de ces révolutions fut achevée en 3 heures et l'autre en 4 heures. Les entre-nœuds ne s'enroulent pas; il en est de même de l'hybride *P. floribunda.*

Tacsonia manicata. — Les entre-nœuds ne s'enroulent pas. Les vrilles sont assez minces et longues; une vrille accomplit une ellipse étroite en 5 heures 20 minutes, et, le jour suivant, une large ellipse en 5 heures 7 minutes. L'extrémité, ayant été frottée légèrement sur la surface concave, se courba d'une manière à peine sensible en 7 minutes, distinctement en 10 minutes, et forma le crochet en 20 minutes.

Nous avons vu que dans les trois dernières familles, c'est-à-dire les *Vitaceæ, Sapindaceæ* et *Passifloraceæ*, les vrilles sont des pédoncules floraux modifiés. Il en est de même, suivant de Candolle (cité par Mohl), des vrilles du *Brunnichia*, une Polygonacée. Chez deux ou trois espèces de *Modecca*, une Papayacée, les vrilles, comme je l'apprends par le professeur Olivier, portent parfois des fleurs et des fruits, de sorte qu'elles sont axilles de leur nature.

Contraction hélicoïde des vrilles.

Ce mouvement, qui raccourcit les vrilles et les rend élastiques, commence une demi-journée, une journée ou même deux après que leurs extrémités ont saisi un objet. Il n'existe dans aucune plante grimpant à l'aide des feuilles, à l'exception des pétioles du *Tropæolum tricolorum*, qui en présentent exceptionnellement quelque trace. D'autre part, les vrilles de toutes les plantes pourvues de ces organes se contractent en spirale après avoir saisi un objet, sauf les exceptions suivantes : d'abord le *Corydalis claviculata*, mais cette plante peut être appelée une plante grimpant à l'aide des feuilles ; deuxièmement et troisièmement, le *Bi-*

gnonia unguis, avec ses congénères, et le *Cardiospermum,* mais leurs vrilles sont si courtes, que
leur contraction pourrait à peine avoir lieu et serait
tout à fait superflue; quatrièmement, le *Smilax
aspera* offre une exception plus marquée, car ses
vrilles sont assez longues. Les vrilles du *Dicentra,*
quand la plante est jeune, sont courtes et ne
deviennent légèrement flexueuses qu'après leur
adhérence; chez les plantes plus âgées, elles sont
plus longues, et alors elles se contractent en spirale.
Je n'ai vu aucune autre exception à la règle que
les vrilles, après avoir saisi avec leurs extrémités
un support, subissent une contraction spiralée.
Cependant, lorsque la vrille d'une plante dont la
tige est assujettie d'une manière immuable saisit
un objet fixe, elle ne se contracte pas, par la raison qu'elle ne le peut pas; ceci, pourtant, a lieu
rarement. Dans le Pois ordinaire, les ramifications
latérales seules se contractent, et non l'axe central; dans la plupart des plantes, telles que la
vigne, la passiflore, la bryone, la portion basilaire
ne forme jamais une spire.

J'ai dit que, dans le *Corydalis claviculata,* l'extrémité de la feuille ou de la vrille (car on peut
indifféremment appeler ainsi cette partie) ne se
contracte pas en spirale. Néanmoins, les petites
branches, après avoir contourné de minces rameaux,
deviennent très sinueuses ou en zigzag. De plus,

toute l'extrémité du pétiole ou de la vrille, s'ils
ne saisissent aucun objet, s'infléchit au bout de
quelque temps, brusquement, en bas et en dedans,
preuve que la surface externe a continué de croître
après que la surface interne a cessé de le faire. On
peut sûrement admettre que l'accroissement est la
principale cause de la contraction spiralée des
vrilles, comme le démontrent les recherches récentes de H. de Vries. J'ajouterai cependant un
petit fait à l'appui de cette conclusion.

Si l'on examine la portion courte et presque
droite d'une vrille adhérente du *Passiflora gra-*
cilis (et, comme je le crois, d'autres vrilles),
située entre les spires opposées, on trouvera qu'elle
est ridée transversalement d'une manière évidente
à l'extérieur; conséquence naturelle si le bord externe s'est développé plus que le bord interne,
celui-ci étant en même temps forcément empê-
ché de se courber. De plus, toute la surface
extérieure d'une vrille contournée en spirale se
ride si on la redresse en la tirant; néanmoins,
comme la contraction se propage de l'extrémité
d'une vrille jusqu'à la base, après qu'elle a été
stimulée par le contact avec un support, je ne
puis m'empêcher de douter, pour des motifs
que je donnerai dans un instant, que tout l'effet
doit être attribué à l'accroissement. Une vrille libre
s'enroule en une hélice aplatie, comme dans le **cas**

du *Cardiospermum*, si la contraction commence à l'extrémité et est tout à fait régulière; mais si l'accroissement continu de la surface extérieure est un peu latéral, ou s'il commence près de la base, la portion terminale ne peut pas s'enrouler en dedans de la portion basilaire, et la vrille forme alors une spire plus ou moins ouverte. Le même effet a lieu si l'extrémité a saisi un objet qui la maintienne solidement.

Les vrilles d'un grand nombre d'espèces, si elles ne saisissent aucun objet, se contractent, après un intervalle de plusieurs jours ou de plusieurs semaines, en une spire; mais, dans ces cas, le mouvement a lieu après que la vrille a perdu son mouvement révolutif et qu'elle pend en bas; sa sensibilité est alors partiellement ou complètement abolie, en sorte que ce mouvement ne peut être d'aucune utilité. La contraction spiralée d'une vrille libre est beaucoup plus lente que celle d'une vrille adhérente. On peut constamment voir sur la même tige de jeunes vrilles qui ont saisi un tuteur et qui se sont contractées en hélice, ainsi que des vrilles bien plus âgées, libres et non contractées. Dans l'*Echinocystis*, j'ai vu les deux divisions latérales d'une vrille entourant de petites branches et contractées en hélices très régulières, tandis que la branche principale, qui n'avait rien saisi, restait droite pendant plusieurs jours. J'ai observé une fois une division principale de la vrille de cette plante saisir un bâton, se contourner en hélice en 7 heures et se contracter en 18 heures. Généralement les vrilles de l'*Echinocystis,* après avoir saisi un objet, commencent à se contracter au bout de 12 à 24 heures, tandis que les vrilles libres ne commencent à se contracter qu'en deux, trois ou même un plus grand nombre de jours après la cessation de tout mouvement révolutif. Une vrille complètement développée du *Passiflora quadrangularis,* qui avait saisi un bâton, commença à se contracter en 8 heures, et, en 24 heures, elle forma plusieurs spires : une vrille plus jeune, n'ayant atteint que les deux tiers de son développement, présenta la première trace de contraction au bout de deux jours après avoir saisi un tuteur, et, deux jours après, elle forma plusieurs spires. Il semble donc que la contraction ne commence que lorsque la vrille a atteint presque toute sa longueur. Une autre jeune vrille, du même âge et presque de la même dimension que la dernière, n'avait saisi aucun objet ; elle acquit toute sa longueur en quatre jours ; six jours après, elle devint d'abord flexueuse, et, deux jours plus tard, elle forma une spire complète. La première spire était formée vers l'extrémité basilaire, et la contraction progressa régulièrement, bien que lentement, vers le sommet ; mais le tout ne se contourna étroitement en hélice que 21 jours après la pre-mière observation, c'est-à-dire 17 jours après que la vrille avait atteint toute sa longueur.

La contraction hélicoïde des vrilles est tout à fait indépendante de leur faculté de s'enrouler spontanément, car elle a lieu dans des vrilles qui ne s'enroulent pas, telles que celles du *Lathyrus grandiflorus* et de l'*Ampelopsis hederacea*. Elle n'est pas nécessairement liée à la courbure des extrémités autour d'un support, comme on le voit chez l'*Ampelopsis* et le *Bignonia capreolata*, dans lesquels le développement des disques adhésifs suffit pour produire la contraction spiralée. Cepen-dant, dans quelques cas, cette contraction semble liée à la courbure ou au mouvement de préhen-sion, dus au contact avec un support, car non seulement elle succède bientôt à ce contact, mais la contraction commence en général près de l'ex-trémité courbée et marche en bas vers la base. Si pourtant une vrille est très lâche, toute la longueur devient presque simultanément d'abord flexueuse et puis spiralée. De plus, les vrilles d'un petit nombre de plantes ne se contractent jamais en hélice, à moins d'avoir saisi solidement d'abord quelque objet; si elles ne saisissent rien, elles pendent en bas, en restant droites, jusqu'à ce qu'elles se dessèchent et tombent. C'est le cas des vrilles du *Bignonia,* qui consistent en feuilles modifiées, et de celles de trois genres de Vitacées, qui sont des pédoncules floraux modifiés. Mais, dans la grande majorité des cas, les vrilles qui ne sont jamais venues en contact avec un objet, se contractent en spirale au bout de quelque temps. Tous ces faits, pris ensemble, montrent que l'acte de saisir un support et la contraction spiralée de toute la longueur de la vrille sont des phénomènes qui ne sont pas nécessairement connexes.

La contraction hélicoïde qui survient après qu'une vrille a saisi un support est très utile à la plante; elle existe presque toujours dans des espèces qui appartiennent à des familles bien différentes. Quand une tige est inclinée et que sa vrille a saisi un objet situé au-dessus d'elle, la contraction hélicoïde tire la tige en haut. Quand la tige est verticale, son accroissement, lorsque les vrilles ont saisi un objet situé au-dessus, la laisserait lâche, n'était la contraction hélicoïde, qui tire la tige en haut à mesure qu'elle augmente en longueur. Ainsi il n'y a pas d'arrêt dans la croissance, et la tige, tirée en haut, monte par le chemin le plus court. Quand la division terminale de la vrille du *Cobœa* saisit un bâton, nous avons vu avec quel succès la contraction en spirale amène successivement les autres petites divisions, l'une après l'autre, en contact avec le bâton, jusqu'à ce que toute la vrille forme autour de lui un nœud inextricable. Lorsque

la vrille a saisi un objet qui cède, celui-ci est parfois
enveloppé et consolidé par les circonvolutions spiralées, comme je l'ai vu chez le *Passiflora quadrangularis;* mais cette action a peu d'importance.

La contraction hélicoïde des vrilles leur rend un
plus grand service en leur donnant ainsi une très
grande élasticité. Comme nous l'avons remarqué
plus haut pour l'*Ampelopsis,* l'effort se distribue
également entre les diverses ramifications adhérentes, et ceci rend le tout bien plus capable de
résister, car les ramifications ne peuvent pas se
rompre séparément. C'est cette élasticité qui em-
pêche à la fois les vrilles ramifiées et les vrilles
simples d'être arrachées de leur support pendant
un temps d'orage. Je suis allé plus d'une fois
observer, pendant que le vent soufflait en tempête,
une Bryone qui croissait dans une haie exposée
au vent, avec ses vrilles attachées aux buissons
voisins; à mesure que les grosses et les petites
branches étaient ballottées par le vent, les vrilles,
si elles n'avaient pas été excessivement élastiques,
auraient été instantanément arrachées et la plante
couchée par terre. Cependant la Bryone traversa
sans accident la tempête, comme un navire afour-
ché sur deux ancres, avec un long câble sur l'avant
faisant l'office d'un ressort quand le navire s'élève
sur la lame.

Si une vrille libre se contracte en hélice, la

spire marche toujours dans la même direction, du sommet à la base. D'autre part, une vrille qui a saisi un support par son extrémité, bien que le même côté soit concave d'une extrémité à l'autre, se tord invariablement dans une partie suivant une direction et dans une autre partie suivant la direction opposée, les spires tournées en sens contraire étant séparées par une courte portion qui reste droite. Cette structure curieuse et symétrique a été signalée par plusieurs botanistes, mais elle n'a pas été suffisamment exposée[1]. Elle a lieu sans exception chez toutes les vrilles qui, après avoir saisi un objet, se contractent en hélice; mais elle est naturellement plus évidente dans les plus longues vrilles. On ne la rencontre jamais dans les vrilles libres, et lorsque cela paraît être, on trouve que la vrille a saisi primitivement un objet et qu'elle en a été détachée consécutivement. Ordinairement toutes les spires à l'extrémité d'une vrille adhérente marchent dans une direction, et

[1] Voy. M. Isid. Léon, dans le *Bull. Soc. Bot. de France*, t. V, 1858, p. 680. M. D. H. de Vries fait observer (p. 306) que je n'ai pas tenu compte, dans la première édition de ce mémoire, de la phrase suivante de Mohl : « Lorsqu'une vrille a saisi un « support, elle commence en quelques jours à se contourner « en une spire; celle-ci, la vrille étant fixée aux deux extré- « mités, doit nécessairement dans quelques endroits tourner à « droite, et dans d'autres à gauche. » Mais je ne suis pas surpris que cette phrase courte, sans autre explication, n'ait pas attiré mon attention.

toutes celles à l'autre extrémité dans une direction opposée, avec une seule portion courte et droite dans le milieu; mais j'ai vu une vrille avec les spires tournant alternativement cinq fois dans des directions opposées, avec des portions droites entre elles, et M. Léon a vu sept ou huit alternances semblables. Que les spires tournent une fois ou plus d'une fois dans des directions opposées, il y a autant de tours dans une direction que dans

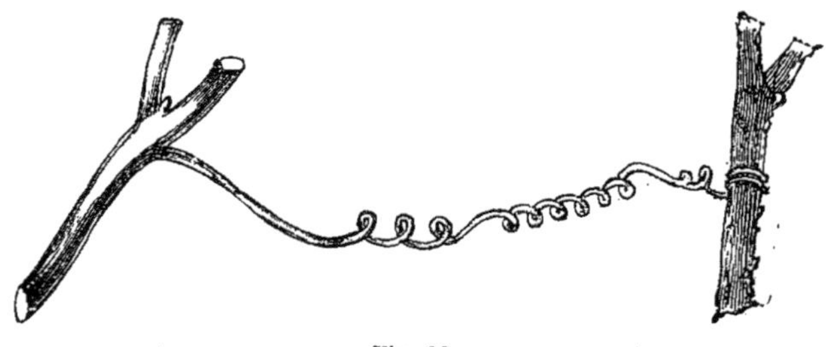

Fig. 13.

Une vrille fixée de *Bryonia dioica*, contractée en hélice dans des directions opposées.

l'autre. Par exemple, je détachai dix vrilles adhérentes d'une Bryone, dont la plus longue avait 33 tours hélicoïdes et la plus courte 8 seulement; le nomblre des tours dans une direction était pour tous les cas, un seul excepté, le même que dans la direction opposée.

L'explication de ce petit fait curieux n'est pas difficile. Je n'aurai pas recours à un raisonnement géométrique, mais je donnerai seulement une démonstration pratique. En agissant ainsi, je ferai

d’abord allusion à un point qui a été presque passé
sous silence en traitant des plantes volubiles. Si l’on
tient dans la main gauche un faisceau de ficelles parallèles entre elles, on peut avec la main droite les
faire tourner circulairement, imitant ainsi le mouvement révolutif d’une plante volubile, et les ficelles
ne se tordent pas. Mais si nous tenons en même
temps un bâton dans notre main gauche, dans une
position telle que les ficelles tournent en hélice
autour de lui, elles se tordront inévitablement.
Voilà pourquoi une ligne droite colorée, tracée
le long des entre-nœuds d’une plante volubile
avant son enroulement autour d’un support,
devient tordue ou spiralée après s’être enroulée.
Je traçai une ligne rouge sur les entre-nœuds
droits d’un *Humulus,* d’un *Mikania,* d’un *Ceropegia,* d’un *Convolvulus* et d’un *Phaseolus,* et je
vis qu’elle se tordait à mesure que la plante s’enroulait autour d’un tuteur. Il est possible que les
tiges de plusieurs plantes, en tournant spontanément sur leurs propres axes avec la vitesse et la
direction qu’elles ont habituellement, ne se tordent
pas; mais je n’en ai pas vu d’exemple.

Dans la démonstration précédente, les ficelles
parallèles étaient enroulées autour d’un bâton;
mais cela n’est nullement nécessaire, car si elles
sont enroulées sur un cylindre creux, comme on peut
le faire avec une bande étroite de papier élastique,

14

il y a la même torsion inévitable de l'axe. Par conséquent, quand une vrille libre se replie en une spire, elle doit ou se tordre dans toute sa longueur (et ceci n'a jamais lieu), ou bien l'extrémité libre doit tourner circulairement autant de fois qu'il y a de spires formées. Il n'était guère nécessaire d'observer ce fait; je m'en assurai cependant en fixant de petites girouettes en papier à l'extrémité des pointes des vrilles de l'*Echinocystis* et du *Passiflora quadrangularis,* et pendant que la vrille se contractait en spires successives, la girouette s'enroulait lentement.

Nous pouvons comprendre maintenant pourquoi les spires sont invariablement tournées dans des directions opposées chez les vrilles qui, après avoir saisi un objet, sont fixées à leurs deux extrémités. Supposons qu'une vrille adhérente fasse trente tours en spirale, tous dans la même direction, le résultat sera inévitablement qu'elle se tordra trente fois sur son propre axe. Cette torsion n'exigerait pas seulement une force considérable, mais, comme je le sais par expérience, elle ferait éclater la vrille avant que les trente tours ne soient accomplis. En réalité, ce cas n'a jamais lieu, car, comme nous l'avons déjà dit, quand une vrille a saisi un support et s'est contractée en hélice, il y a toujours autant de tours dans une direction que dans l'autre; en sorte que la torsion de l'axe dans un sens est exacte-

ment compensée par la torsion dans le sens opposé.
Nous pouvons voir, en outre, d'où vient cette tendance des derniers tours de la spire à se faire en sens
opposé à celui des premiers, soit à droite, soit à
gauche. Prenez un bout de ficelle et laissez-le pendre en bas avec l'extrémité inférieure fixée au sol,
puis enroulez l'extrémité supérieure (en tenant la
ficelle d'une manière tout à fait lâche) en hélice
autour d'un crayon vertical; l'extrémité inférieure
de la ficelle sera tordue, et, après qu'elle l'aura
été suffisamment, on la verra se courber en une
spire ouverte, avec les courbes marchant dans
une direction opposée à celle qu'elles décrivent
autour du crayon, et, par conséquent, avec une
portion de ficelle rectiligne entre les spires opposées. En un mot, nous avons donné à la ficelle
la disposition spiralée régulière d'une vrille fixée
aux deux extrémités. La contraction en spirale
commence en général à l'extrémité qui a saisi un
support, et ces premières spires formées impriment
une torsion à l'axe de la vrille, qui force nécessairement la partie basilaire à se contourner en sens
opposé. Je ne peux résister au désir de donner une
autre démonstration, bien qu'elle soit superflue.
Quand un mercier roule un ruban pour un ache-
teur, il ne l'enroule pas en un seul rond, car, s'il
le faisait, le ruban se tordrait autant de fois qu'il
y a de replis; mais il le roule en huit de chiffre

sur son pouce et son petit doigt, en sorte qu'il
fait alternativement des tours dans des directions opposées, et alors le ruban n'est pas tordu.
Il en est de même des vrilles, avec cette seule
différence qu'elles font plusieurs tours consécutifs
dans un sens et puis le même nombre dans un
sens opposé; dans les deux cas, il n'y a pas de
torsion.

Résumé de la nature et de l'action des vrilles.

Dans la plupart des plantes pourvues de vrilles,
les jeunes entre-nœuds s'enroulent en ellipses plus
ou moins larges, comme celles formées par les
plantes volubiles; mais les figures décrites, quand
elles sont tracées avec soin, forment en général
des spires ellipsoïdales irrégulières. La vitesse de
révolution varie de 1 à 5 heures dans différentes
espèces, et par conséquent elle est, dans quelques
cas, plus rapide que chez une plante volubile
quelconque, et elle n'est jamais aussi lente que
dans les nombreuses plantes volubiles, qui mettent
plus de 5 heures pour accomplir chaque révolution.
La direction est encore variable dans le même individu. Dans les *Passiflora,* les entre-nœuds d'une
seule espèce ont le pouvoir de s'enrouler. La vigne
est la plante enroulante la plus faible que j'aie
observée; elle n'a évidemment conservé que la trace
d'une faculté originaire. Dans l'*Eccremocarpus,*

le mouvement est interrompu par de longs intervalles. Très peu de plantes pourvues de vrilles
peuvent s'enrouler en hélice autour d'un tuteur
vertical. Quoique cette faculté ait été généralement abolie, soit par suite de la rigidité ou de la
brièveté des entre-nœuds, soit par suite de la dimension des feuilles ou de toute autre cause incon-
nue, le mouvement révolutif de la tige sert uniquement à amener les vrilles en contact avec les objets
environnants.

Les vrilles elles-mêmes s'enroulent aussi spontanément. Le mouvement commence pendant que
la vrille est jeune; il est d'abord lent. Les vrilles
mûres du *Bignonia littoralis* se meuvent beaucoup
plus lentement que les entre-nœuds. En général,
les entre-nœuds et les vrilles s'enroulent ensemble
avec la même vitesse; dans les *Cissus,* le *Cobœa* et
la plupart des Passiflores, les vrilles seules s'enroulent; dans d'autres cas, comme chez le *Lathy-*
rus aphaca, les entre-nœuds seulement se meuvent, portant avec eux les vrilles immobiles; et,
en dernier lieu (c'est le quatrième cas possible),
ni les entre-nœuds ni les vrilles ne s'enroulent
spontanément, comme dans le *Lathyrus grandiflorus*
et l'*Ampelopsis.* Chez la plupart des *Bignonia,*
des *Eccremocarpus,* des *Mutisia* et des Fumariacées, les entre-nœuds, les pétioles et les vrilles se
meuvent tous ensemble harmonieusement. Dans

chaque cas, les conditions d'existence doivent être favorables, afin que les différentes parties fonctionnent parfaitement.

Les vrilles s'enroulent par l'incurvation de toute leur longueur, excepté l'extrémité sensible et la base, parties qui ne se meuvent pas ou ne se meuvent que très peu. Le mouvement est de la même nature que celui des entre-nœuds volubiles, et, d'après les observations de Sachs et H. de Vries, il est dû sans doute à la même cause, savoir : l'accroissement rapide d'une bande longitudinale qui se propage autour de la vrille et courbe successivement chaque partie vers le côté opposé. Par conséquent, si on trace une ligne colorée le long de la surface qui se trouve être convexe, la ligne devient d'abord latérale, puis concave, puis latérale, et en dernier lieu de nouveau convexe. Cette expérience ne peut être faite que sur les grosses vrilles, qui ne sont pas influencées par une croûte mince de couleur desséchée. Les extrémités sont souvent légèrement courbées ou crochues, et la courbure de cette partie n'est jamais renversée; sous ce rapport, elles diffèrent des extrémités des tiges volubiles, qui non seulement renversent leur sens d'enroulement ou du moins deviennent droites périodiquement, mais se courbent elles-mêmes plus fortement que la partie inférieure. Sous beaucoup d'autres rapports, une

vrille fonctionne à la manière d'un des entre-
nœuds qui s'enroulent et se meuvent tous ensemble
en se dirigeant successivement vers chaque point
de l'horizon. Il y a cependant, dans beaucoup de
cas, cette différence peu importante que la vrille
qui se courbe est séparée de l'entre-nœud volubile par un pétiole rigide. Chez la plupart des
plantes à vrilles, le sommet de la tige ou de la
pousse dépasse le point d'où part la vrille, et
se courbe généralement d'un côté, de façon à ne
pas se trouver sur le trajet des enroulements de
la vrille. Chez les plantes dans lesquelles la pousse
terminale n'est pas suffisamment écartée, comme
nous l'avons vu pour l'*Echinocystis,* dès que la
vrille arrive à ce point dans sa course révolutive, la tige devient rigide, se redresse et, s'élevant verticalement, franchit victorieusement l'obstacle.

Toutes les vrilles sont sensibles à divers degrés
au contact d'un objet, et se courbent vers le
côté touché. Chez plusieurs plantes, un simple
attouchement, assez léger pour ne mettre en mouvement que la vrille extrêmement flexible, suffit
pour déterminer la courbure. Le *Passiflora gracilis* possède les vrilles les plus sensibles que j'aie
observées; un morceau de fil de platine, pesant
1/50 de grain (1,23 milligr.), placé délicatement
sur le point concave, rendit la vrille crochue;

comme le fit également une anse de fil de coton mou et fin, pesant 1/32 de grain (2,02 milligr.). Dans les vrilles de plusieurs autres plantes, il a suffi du poids de petites anses pesant 1/16 de grain (4,05 milligr.). La pointe d'une vrille de *Passiflora gracilis* commença à se mouvoir distinctement en 25 secondes après avoir été touchée, et dans beaucoup de cas l'effet se produisit au bout de 30 secondes. Asa Gray a vu aussi un mouvement dans les vrilles du genre *Sycios*, de la famille des Cucurbitacées, après 30 secondes. Les vrilles de quelques autres plantes, quand on les frottait légèrement, se mouvaient au bout de quelques minutes : chez le *Dicentra*, en une demi-heure; chez le *Smilax*, en une heure un quart ou une heure et demie, et chez l'*Ampelopsis*, après un intervalle encore plus long. Le mouvement de courbure consécutif à un seul contact continue à augmenter pendant un temps considérable, puis il s'arrête; au bout de quelques heures, la vrille se déroule et est de nouveau prête à fonctionner. Quand les vrilles de plusieurs espèces de plantes s'incurvent sous l'influence des poids extrêmement légers qu'on y suspend, elles semblent s'accoutumer à un stimulus aussi faible et se redressent comme si les anses avaient été enlevées. Peu importe la nature de l'objet touché par une vrille, à l'exception remarquable d'autres vrilles et des gouttes d'eau, comme on l'a constaté pour les vrilles extrêmement sensibles du *Passiflora gracilis* et de l'*Echinocystis*. J'ai vu cependant des vrilles de la Bryone qui avaient saisi temporairement d'autres vrilles, et c'est souvent le cas pour la vigne.

Les extrémités des vrilles légèrement courbées d'une manière permanente sont seulement sensibles à leur surface concave; d'autres vrilles, telles que celles du *Cobœa* (quoique pourvues de crochets cornés dirigés du même côté) et celles du *Cissus discolor,* sont sensibles de tous les côtés. Il en résulte que les vrilles de cette dernière plante, quand elles sont stimulées par un attouchement d'égale force sur les côtés opposés, ne s'incurvent pas. Les surfaces inférieures et latérales des vrilles du *Mutisia* sont sensibles, mais non la surface supérieure. Quant aux vrilles ramifiées, les diverses ramifications agissent de même; mais, dans le *Hanburya,* la branche latérale à forme d'éperon n'acquiert pas (pour les excellentes raisons que nous avons données) sa sensibilité aussi rapidement que la branche principale. Dans la plupart des vrilles, la partie inférieure ou basilaire n'est nullement sensible, ou ne l'est qu'à un contact prolongé. Nous voyons ainsi que la sensibilité des vrilles est une faculté spéciale et localisée. Elle est tout à fait indépendante de la faculté de s'enrouler spontanément, car la cour-

bure de la portion terminale, due à un attouchement, n'interrompt nullement le premier mouvement. Dans le *Bignonia unguis* et ses congénères,
les pétioles des feuilles, ainsi que les vrilles, sont
sensibles à un attouchement.

Quand les plantes volubiles arrivent au contact
d'un tuteur, elles s'enroulent invariablement autour de lui dans le sens du mouvement révolutif;
mais les vrilles s'enroulent indifféremment dans un
sens ou dans l'autre, suivant la position du tuteur
et le côté qui a été le premier touché. Le mouvement
préhenseur de l'extrémité n'est évidemment pas
régulier, mais ondulatoire ou vermiculaire de sa
nature, comme on pouvait le déduire de la manière
curieuse dont les vrilles de l'*Echinocystis* rampent
lentement autour d'un tuteur poli.

Les vrilles, sauf quelques exceptions, s'enroulant
spontanément, on peut demander pourquoi elles
ont été douées de sensibilité? pourquoi, lorsqu'elles
arrivent au contact d'un tuteur, elles ne s'enroulent pas en hélice autour de lui, comme les
plantes volubiles? Cela tient peut-être à ce qu'elles
sont, dans la plupart des cas, si flexibles et si
minces, que, lorsqu'elles sont amenées au contact
d'un objet, elles céderaient presque certainement
et seraient entraînées en avant par le mouvement
révolutif. De plus, d'après ce que j'ai observé, les
extrémités sensibles n'ont pas de pouvoir révolutif,

et ne pourraient pas, par ce moyen, s'enrouler
autour d'un support. D'autre part, chez les plantes
volubiles, l'extrémité s'infléchit spontanément
plus que toute autre partie; et ceci est d'une
grande importance pour l'ascension de la plante,
comme on peut le voir par une journée de vent
violent. Cependant il est possible que le mouvement lent des parties basilaires et plus rigides de
certaines vrilles qui s'enroulent autour de tuteurs
placés dans leur trajet soit analogue à celui des
plantes volubiles. Mais je n'ai pas étudié suffisamment ce sujet, et il serait, en effet, difficile de distinguer le mouvement dû à une irritabilité extrêmement sourde, de l'état stationnaire des parties
inférieures, tandis que les parties supérieures continuent leur mouvement ascendant.

Les vrilles qui ont atteint seulement les trois
quarts de leur développement, et peut-être même
un âge moins avancé, sans être très jeunes, ont
la faculté de s'enrouler et de saisir tout objet
qu'elles touchent. Ces deux facultés s'acquièrent
en général vers la même période, et toutes les
deux disparaissent quand la vrille est complètement développée. Mais, dans le *Cobœa* et le *Passiflora punctata,* les vrilles commencent à s'enrouler
sans aucune utilité avant de devenir sensibles.
Dans l'*Echinocystis,* elles conservent leur sensibilité quelque temps après avoir cessé de s'enrouler

et après s'être affaissées; dans cette position, alors
même qu'elles seraient capables de saisir un objet,
une semblable faculté ne serait d'aucune utilité
pour supporter la tige. Il est rare de découvrir
une superfluité ou une imperfection dans l'action
des vrilles, organes si admirablement adaptés
aux fonctions qu'ils ont à remplir; mais nous
voyons qu'elles ne sont pas toujours parfaites,
et il serait téméraire de supposer qu'une vrille
quelconque a atteint la dernière limite de la perfection.

Le mouvement révolutif de certaines vrilles est
accéléré ou retardé en se dirigeant vers la lumière
ou en s'en éloignant; d'autres, comme celles du pois,
semblent indifférentes à cette influence; plusieurs
se meuvent régulièrement de la lumière vers
l'obscurité, et cette circonstance les aide puissam-
ment à trouver un support. Par exemple, les
vrilles du *Bignonia capreolata* s'infléchissent de
la lumière vers l'obscurité aussi exactement qu'une
girouette sous l'influence du vent. Dans l'*Eccremocarpus,* les extrémités seules se tordent et
tournent de manière à amener leurs branches
plus ténues et leurs crochets en contact intime
avec une surface obscure, ou dans des crevasses
et des creux.

Peu de temps après qu'une vrille a saisi un
support, elle se contracte, sauf de rares exceptions,

en spirale; mais le mode de contraction et les grands avantages qui en résultent ont été si bien discutés récemment, qu'il n'y a rien à ajouter à ce sujet. Bientôt après avoir saisi un support, les vrilles deviennent plus fortes, plus épaisses et souvent plus durables à un degré extraordinaire : cela montre combien leurs tissus internes sont modifiés. Parfois c'est la partie qui est enroulée autour d'un support qui devient surtout plus épaisse et plus forte; j'ai vu, par exemple, cette partie d'une vrille du *Bignonia œquinoctialis* deux fois plus épaisse et plus rigide que la partie basilaire libre. Les vrilles qui n'ont rien saisi se ratatinent bientôt et se flétrissent : mais, dans plusieurs espèces de *Bignonia*, elles se désarticulent et tombent comme les feuilles en automne.

Quiconque n'aurait pas observé de près les vrilles d'un grand nombre d'espèces conclurait probablement que leur action est uniforme. C'est le cas pour les espèces qui s'enroulent simplement autour d'un objet de médiocre épaisseur, quelle que soit sa nature [1]. Mais le genre *Bignonia* nous montre quelle diversité d'action il peut y

[1] Cependant Sachs (*Traité de Botanique*, traduction anglaise, 1875, p. 280 et traduction française, p. 1099) a montré ce que je n'avais pas remarqué, savoir que les vrilles de différentes espèces sont adaptées pour saisir des supports d'une épaisseur variée. Il montre, en outre, que lorsqu'une vrille a saisi un support, elle le serre ensuite plus étroitement.

avoir entre les vrilles d'espèces très voisines. Dans les neuf espèces que j'ai observées, les jeunes entre-nœuds s'enroulent énergiquement; les vrilles s'enroulent aussi, mais, dans quelques espèces, d'une manière très faible, et enfin les pétioles de presque toutes s'enroulent, quoique avec une force inégale. Les pétioles de trois de ces espèces et les vrilles de toutes sont sensibles au contact. Dans la première espèce décrite, la forme des vrilles ressemble au pied d'un oiseau, et elles ne rendent aucun service à la tige pour s'élever en spirale le long d'un tuteur mince et vertical; mais elles peuvent saisir solidement du menu branchage ou une branche. Quand la tige contourne un tuteur un peu gros, un léger degré de sensibilité des pétioles est mis en jeu, et toute la feuille, ainsi que la vrille, s'enroule autour de lui. Dans le *B. unguis*, les pétioles sont plus sensibles et possèdent un plus grand pouvoir moteur que ceux de la dernière espèce; ils sont capables en même temps que les vrilles de s'enrouler d'une manière inextricable autour d'un tuteur mince et vertical, mais la tige ne se contourne pas aussi bien. Le *B. Tweedyana* a des facultés semblables; de plus, il émet des racines aériennes qui adhèrent au bois. Dans le *B. venusta*, les vrilles sont converties en grappins allongés à trois fourchons, qui se meuvent spontanément d'une manière évidente. Cependant les pétioles ont perdu leur sensibilité. La tige de cette espèce peut s'enrouler autour d'un tuteur vertical, et elle est aidée dans son ascension par les vrilles, qui saisissent alternativement le tuteur dans un point supérieur et se contractent alors en hélice. Dans le B. *littoralis*, les vrilles, les pétioles et les entre-nœuds s'enroulent tous spontanément. La tige cependant ne peut pas s'enrouler, mais elle s'élève le long d'un tuteur vertical en le saisissant en dessus avec les deux vrilles qui se contractent alors en hélice. Les extrémités de ces vrilles se développent en disques adhésifs. Le B. *speciosa* possède des facultés de mouvement semblables à celles de la dernière espèce, mais il ne saurait contourner un bâton, quoiqu'il puisse s'élever en le saisissant horizontalement avec une ou deux de ces vrilles simples. Ces vrilles introduisent toujours leurs extrémités pointues dans des crevasses ou des creux; mais, comme elles en sont constamment retirées par suite de la contraction spiralée subséquente, cette habitude nous paraît, dans notre ignorance actuelle, être sans utilité. Enfin, la tige du B. *capreolata* est imparfaitement volubile; les vrilles, très ramifiées, s'enroulent d'une manière capricieuse et se courbent de la lumière vers l'obscurité; leurs extrémités crochues, même quand elles ne sont pas développées, s'insinuent dans des crevasses, et, une fois développées, elles saisissent tout objet mince et saillant. Dans l'un et l'autre cas, elles développent des disques adhésifs qui ont la faculté d'envelopper les fibres les plus fines.

Dans l'*Eccremocarpus*, genre voisin, les entre-nœuds, les pétioles et les vrilles, très ramifiées, s'enroulent tous spontanément ensemble. En somme, les vrilles ne fuient pas la lumière; mais leurs extrémités, à crochets mousses, s'arrangent convenablement sur toute surface avec laquelle ils viennent en contact, sans doute pour éviter la lumière. Elles fonctionnent le plus efficacement lorsque chaque branche saisit quelques tiges minces, comme les chaumes d'une graminée, qu'elles réunissent ensuite en un faisceau solide à l'aide de la contraction spiralée de toutes les ramifications. Dans le *Cobœa*, les fines divisions des vrilles sont les seules qui s'enroulent; les rami-fications se terminent en petits crochets pointus, durs et doubles, avec les deux pointes dirigées du même côté; et celles-ci, par des mouvements bien combinés, se tournent vers tout objet avec lequel elles se trouvent en contact. Les extrémités des rami-fications pénètrent aussi dans les crevasses ou les creux privés de lumière. La faculté d'enroulement des vrilles et des entre-nœuds de l'*Ampelopsis* est faible ou nulle; les vrilles ne sont que peu sensibles aux attouchements; leurs extrémités crochues ne

peuvent saisir des objets minces ; elles ne sai-
siront même pas un tuteur, à moins qu'elles
n'aient un besoin extrême de support ; mais elles
se tournent de la lumière vers l'obscurité, et,
étalant leurs branches en contact avec une surface
quelconque presque plane, elles produisent des
disques. Ceux-ci adhèrent par la sécrétion d'un
ciment à un mur ou à une surface polie, ce que ne
peuvent faire les disques du *Bignonia capreolata*.

Le rapide développement de ces disques adhésifs
est une des particularités les plus remarquables
que possèdent les vrilles. Nous avons vu que ces
disques existent chez deux espèces de *Bignonia*,
chez l'*Ampelopsis* et, suivant Naudin, chez un
genre de Cucurbitacée, le *Peponopsis adhærens* [1].
Dans l'*Anguria*, la surface inférieure de la vrille,
après s'être enroulée autour d'un bâton, forme
une couche grossièrement cellulaire, qui s'adapte
d'une manière intime au bois, mais n'y est pas
adhérente ; tandis que, dans le *Hanburya*, une
semblable couche est adhérente. Le développement
de ces excroissances cellulaires (excepté dans le
cas du *Haplolophium* et d'une espèce d'*Ampelopsis*)
dépend du stimulus, résultat du contact. Il est
singulier que trois familles si distinctes que les
Bignoniaceæ, les *Vitaceæ* et les *Cucurbitaceæ*

---

[1] *Annales des Sciences nat. Bot.*, 4ᵉ série, t. XII, p. 89.

possèdent des espèces avec des vrilles douées de cette faculté remarquable.

Sachs attribue tous les mouvements des vrilles à l'accroissement plus rapide du côté opposé à celui qui devient concave. Ces mouvements consistent en une nutation révolutive ou inclinaison vers la lumière ou vers l'obscurité, en opposition avec la pesanteur, effets produits par un attouchement et la contraction spiralée. Il est téméraire de ma part de ne point partager l'opinion d'un écrivain si autorisé, mais je ne puis croire qu'un de ces mouvements au moins, la courbure par suite d'un attouchement, se produise ainsi [1].

En premier lieu, on peut remarquer que le mouvement de nutation diffère de celui dû à un attouchement, car, dans plusieurs cas, la même vrille acquiert ces deux facultés à des périodes différentes de sa croissance, et la partie sensible de la vrille

[1] Il me vient à l'esprit que le mouvement de nutation et celui dû à l'attouchement pourraient être influencés différemment par les anesthésiques, comme Paul Bert a montré que c'était le cas pour les mouvements qui accompagnent le sommeil des *Mimosa* et ceux résultant d'un attouchement. J'expérimentai le pois ordinaire et le *Passiflora gracilis*, mais je réussis seulement à observer que les deux mouvements n'étaient pas influencés par une exposition de une heure et demie à une dose assez considérable d'éther sulfurique. Sous ce rapport, ils présentent un contraste remarquable avec le *Drosera*, contraste dû sans aucun doute à la présence de glandes absorbantes dans cette dernière plante.

ne semble pas être susceptible de nutation. La
rapidité extraordinaire du mouvement est une de
mes principales raisons de douter que la courbure
due à un contact soit le résultat de la croissance.
J'ai vu l'extrémité d'une vrille de *Passiflora gracilis* qui, après avoir été touchée, se courbait d'une
manière distincte en 25 secondes, et souvent en
30 secondes; et il en est ainsi pour la vrille plus
épaisse du *Sicyos*. Il semble à peine croyable qu'en
aussi peu de temps, leurs surfaces extérieures
aient pu croître réellement en longueur, ce qui
implique une modification permanente de structure. De plus, d'après cette manière de voir, la
croissance doit être considérable, car, si le contact
a été tant soit peu rude, l'extrémité se recoquille
au bout de deux ou trois minutes en une spire à
plusieurs tours.

Quand l'extrémité de la vrille de l'*Echinocystis*
avait saisi un bâton poli, elle se recoquillait, en
quelques heures (comme cela a été décrit p. 166),
deux ou trois fois autour du bâton, évidemment
par un mouvement ondulatoire. J'attribuai d'abord
ce mouvement à la croissance de l'extérieur; je
fis donc des marques noires et mesurai les intervalles, mais je ne pus découvrir aucune augmentation en longueur. D'où il semble probable, dans
ce cas et dans d'autres, que la courbure de la
vrille, résultat du contact, dépend de la contrac-

tion des cellules le long du bord concave. Sachs
lui-même admet [1] que, « si la croissance qui a lieu
« dans la vrille entière à l'époque du contact avec
« un tuteur est faible, une accélération considé-
« rable a lieu sur la surface convexe, mais en
« général il n'y a pas d'allongement sur la sur-
« face concave, ou bien il peut même y avoir une
« *contraction;* dans le cas d'une vrille de courge,
« cette contraction atteignit près d'un tiers de
« la longueur primitive ». Dans un autre passage, Sachs semble éprouver quelques difficultés à
expliquer cette espèce de contraction. Je ne vou-
drais pas cependant que l'on pût conclure des
remarques précédentes, qu'après avoir lu les observations du Dr Vries, je doute que les surfaces
extérieures et étirées des vrilles adhérentes augmentent ensuite en longueur par l'accroissement.
Un tel accroissement me paraît tout à fait compa-
tible avec le premier mouvement, qui est indépendant de la croissance. De même que nous ne
savons pas pourquoi un attouchement délicat fait
contracter un côté d'une vrille, de même nous
ignorons pourquoi, suivant l'opinion de Sachs, il
détermine une croissance extraordinairement rapide du côté opposé. La raison principale ou unique
qui porte à croire que la courbure d'une vrille,

---

[1] *Traité de Botanique*, 1875, p. 779.

quand elle est touchée, soit due à un accroissement
rapide paraît être que les vrilles perdent leur sensibilité et leur pouvoir moteur après avoir atteint
toute leur longueur; mais ce fait est compréhen-
sible si nous avons présent à l'esprit que toutes
les fonctions d'une vrille sont adaptées pour tirer
en haut vers la lumière la pousse terminale qui
s'élève. Quelle serait l'utilité d'une vrille vieille
et complètement développée, partant de la partie
inférieure de la tige, si elle conservait sa faculté
de saisir un support? Elle ne servirait à rien, et
nous avons vu pour les vrilles tant d'exemples
d'adaptation et de simplicité de moyens, que nous
pouvons être assurés qu'elles acquerraient l'irritabilité et la faculté de saisir un support à l'âge
convenable, — savoir, la jeunesse, — et qu'elles
ne conserveraient pas inutilement une telle faculté
au delà de l'âge convenable.

CHAPITRE V.

PLANTES GRIMPANT A L'AIDE DE CROCHETS
ET DE RADICELLES OU CRAMPONS.

Plantes grimpant à l'aide de crochets ou rampant seulement sur d'autres plantes. — Plantes grimpant à l'aide de radicelles; matière adhésive sécrétée par les radicelles. — Conclusions générales relativement aux plantes grimpantes et aux degrés de leur développement.

Plantes grimpant à l'aide de crochets.

Dans mes remarques préliminaires, j'ai dit qu'à part les deux premières grandes classes de plantes grimpantes, savoir, celles qui sont volubiles autour d'un support et celles qui sont douées d'une irritabilité qui leur permet de saisir des objets à l'aide de leurs pétioles ou de leurs vrilles, il y a deux autres classes : les végétaux qui grimpent à l'aide de crochets, et ceux qui grimpent à l'aide de racines ou de crampons. Beaucoup de plantes, en outre, comme Fritz Müller l'a remarqué[1],

[1] *Journal of Linn Soc.*, vol. IX, p. 348. Le professeur G. Jaeger (*In Sachen Darwin's, insbesondere contra Wigand*, 1874, p. 106) fait observer que ce qui caractérise essen-

grimpent ou rampent au-dessus des fourrés d'une façon encore plus simple, sans aucun secours spécial, si ce n'est que leurs tiges principales sont généralement longues et flexibles. On peut soupçonner cependant, d'après ce qui suit, que ces tiges ont une tendance, dans quelques cas, à fuir la lumière. Le petit nombre de plantes grimpant à l'aide de crochets que j'ai observées, savoir, le *Galium aparine*, le *Rubus australis* et plusieurs Roses grimpantes, ne présentent pas de mouvement révolutif spontané. Si elles avaient possédé cette faculté et si elles avaient été capables de s'enrouler, elles auraient été rangées dans la classe des plantes volubiles, car plusieurs de ces dernières sont pourvues d'épines ou de crochets qui facilitent leur ascension. Par exemple, le houblon, qui est une plante volubile, a des crochets recourbés aussi grands que ceux du *Galium;* d'autres plantes volubiles ont des poils rigides et recourbés. Le *Dipladenia* a un cercle d'épines mousses à la base de ses feuilles.

Parmi les plantes à vrilles, le *Smilax aspera* est

tiellement les plantes grimpantes, c'est la production des tiges minces, allongées et flexibles. Il remarque en outre que les plantes croissant au-dessous d'autres espèces plus élevées ou d'arbres sont naturellement celles qui se développent en plantes grimpantes, et ces plantes, en se dirigeant vers la lumière et en étant peu agitées par le vent, tendent à produire des jets longs, minces et flexibles.

la seule sur laquelle j'aie observé des épines recourbées; mais c'est le cas de plusieurs plantes grimpant à l'aide de leurs branches dans le Brésil méridional et l'île de Ceylan; leurs branches passent insensiblement à l'état de véritables vrilles. Un petit nombre de végétaux grimpent uniquement à l'aide de leurs crochets, et cependant ils le font d'une manière efficace, comme certains palmiers du nouveau et de l'ancien continent. De même, des roses grimpantes s'élèveront le long des murs d'une maison élevée si elle est couverte d'un treillis. Je ne sais pas comment cela a lieu, car les jeunes pousses d'un de ces rosiers étant placées dans un vase, sur une croisée, se courbaient irrégulièrement vers la lumière pendant le jour et en sens inverse pendant la nuit, comme les pousses d'une plante ordinaire; en sorte qu'il n'est pas aisé de comprendre comment elles ont pu s'insinuer entre le treillis et le mur [1].

[1] Il paraît que le professeur Asa Gray a résolu cette difficulté dans son compte rendu du présent ouvrage (*American journal of science*, vol. XL, sept. 1865, p. 282). Il a observé que les fortes pousses d'été du rosier de Michigan (*Rosa setigera*) sont parfaitement disposées pour s'insinuer dans des crevasses obscures et s'éloigner de la lumière, en sorte qu'elles pourraient presque à coup sûr se placer derrière un treillis. Il ajoute que les pousses latérales faites au printemps suivant émergeaient du treillis pour chercher la lumière.

Plantes grimpant à l'aide de radicelles.

Un bon nombre de plantes entrent dans cette catégorie et grimpent très bien. Une des plus remarquables est le *Marcgravia umbellata,* dont la tige, dans les forêts tropicales de l'Amérique méridionale, comme je l'apprends par M. Spruce, croît d'une manière curieusement aplatie contre les troncs des arbres; çà et là, elle émet des crampons ou racines qui adhèrent au tronc et l'embrassent complètement s'il est mince. Quand cette plante est arrivée à la lumière, elle produit des branches libres, avec des tiges arrondies, recouvertes de feuilles à pointes aiguës, différant prodigieusement par leur aspect de celles portées par la tige tant qu'elle reste adhérente. J'ai observé aussi cette différence surprenante chez les feuilles du *Marcgravia dubia* dans ma serre chaude. Les plantes qui grimpent à l'aide de leurs radicelles ou crampons et que j'ai observées, savoir, le lierre (*Hedera helix*), *Ficus repens* et *F. barbatus,* n'ont pas de pouvoir moteur, pas même de la lumière vers l'obscurité. Comme nous l'avons dit précédemment, le *Hoya carnosa* (Asclepiadacée) est une plante volubile et adhère également par des radicelles même à un mur parfaitement uni. Le *Bignonia Tweedyana* à vrilles émet des racines qui se courbent semi-circulairement et adhèrent à

de minces bâtons. Le *Tecoma radicans* (Bignoniacée), qui est congénère de nombreuses espèces
s'enroulant spontanément, grimpe à l'aide de
radicelles; néanmoins, les mouvements de ses
jeunes pousses ne s'expliquent pas d'une manière
satisfaisante par l'action variable de la lumière.

Je n'ai pas observé minutieusement un grand
nombre de plantes grimpant à l'aide de radicelles,
mais je peux citer un fait curieux. Le *Ficus
repens* grimpe le long d'un mur exactement comme
le lierre, et, si on presse légèrement les jeunes
radicelles sur des plaques de verre, elles émettent,
au bout d'une semaine environ, comme je l'ai
observé plusieurs fois, de petites gouttes d'un
liquide clair, nullement laiteux, comme celui
qui exsude d'une plaie. Ce liquide est légèrement
visqueux, mais ne peut pas être étiré en filaments.
Il a la propriété remarquable de ne pas sécher
promptement; une goutte, de la grosseur de la
moitié d'une tête d'épingle, fut légèrement étendue
sur du verre, et je répandis sur elle quelques
petits grains de sable. Le verre fut laissé dans un
tiroir pendant un temps chaud et sec, et, si le
liquide avait été de l'eau, il aurait certainement
séché en quelques minutes; mais il resta liquide,
entourant exactement chaque grain de sable, pendant 128 jours. Je ne saurais dire combien de
temps il serait resté encore à l'état liquide.

D'autres radicelles furent laissées en contact avec le verre pendant 10 ou 15 jours environ, et les gouttes du liquide sécrété étaient alors un peu plus grosses et si visqueuses, qu'on pouvait les étirer en filaments. Quelques autres radicelles, laissées en contact avec le verre pendant 23 jours, s'unirent solidement à lui. D'où nous pouvons conclure que les radicelles sécrètent d'abord un liquide légèrement visqueux, puis absorbent les parties aqueuses (car nous avons vu que le liquide ne se dessèche pas par lui-même) et en dernier lieu déposent un ciment. Quand les radicelles étaient arrachées du verre, il y restait des atomes de matière jaunâtre qui étaient dissous en partie par une goutte de bisulfure de carbone, et cette solution était bien moins volatile que le bisulfure qui l'est à un aussi haut degré.

Comme le bisulfure de carbone possède à un haut degré la propriété de ramollir le caoutchouc induré, je trempai dans ce liquide, pendant peu de temps, plusieurs radicelles d'une plante qui s'était développée le long d'un mur enduit de plâtre, et je trouvai alors un grand nombre de filaments extrêmement minces, de matière transparente, non visqueuse, très élastique, comme du caoutchouc, attachés à deux rangées de radicelles sur la même branche. Ces filaments provenaient de l'écorce de la radicelle à une extrémité, et à l'autre extrémité ils étaient solidement attachés aux particules de silex ou de mortier de la muraille. Dans cette observation, une erreur n'était guère possible, car je jouai pendant longtemps avec les filaments sous le microscope, les étirant avec mes aiguilles à dissection et les laissant de nouveau revenir à leur longueur primitive. Cependant j'observai fréquemment d'autres radicelles traitées d'une manière semblable sans pouvoir jamais découvrir ces filaments élastiques. Je conclus, par conséquent, que la branche en question doit avoir été légèrement détachée du mur à une période critique, pendant que la sécrétion était en train de se dessécher, par suite de l'absorption de ses parties aqueuses. Le genre *Ficus* est riche en caoutchouc, et nous pouvons conclure, d'après les faits précédents, que cette substance, d'abord en solution et en dernier lieu modifiée en un ciment non élastique [1], est utilisée par le *Ficus repens* pour fixer ses radicelles sur les surfaces contre lesquelles il s'élève. J'ignore si d'autres plantes qui grimpent à l'aide de leurs radicelles émettent un ciment quelconque, mais les crampons du

[1] M. Spiller a montré récemment (*Chemical Society*, fév. 16, 1865), dans un mémoire sur l'oxydation de la gomme élastique ou caoutchouc, que cette substance, quand elle est exposée à l'air dans un état de division très fine, se convertit graduellement en une matière cassante, résineuse, très semblable à la gomme-laque.

lierre, placés contre le verre, y adhéraient à peine; cependant ils sécrétaient une petite matière jaunâtre. J'ajouterai que les radicelles du *Marcgravia dubia* peuvent adhérer solidement à du bois poli et peint.

Le *Vanilla aromatica* émet des racines aériennes de 30 centimètres de long qui se dirigent directement en bas vers le sol. Suivant Mohl (p. 49), elles s'insinuent dans les crevasses, et quand elles rencontrent un support mince, elles s'enroulent autour de lui, comme le font les vrilles. Une jeune plante que je cultivais ne formait pas de longues racines adventives; en plaçant des bâtons minces en contact avec elles, elles se courbaient certainement un peu de ce côté, au bout d'un jour environ, et adhéraient au bois par des radicelles, mais elles ne se courbaient pas complètement autour des bâtons; elles reprenaient ensuite leur mouvement descendant. Il est probable que ces légers mouvements des racines sont dus à la croissance plus rapide du côté exposé à la lumière, en comparaison avec l'autre côté, et non à ce que les racines sont sensibles au contact, comme les véritables vrilles. D'après Mohl, les radicelles de certaines espèces de *Lycopodium* agissent à la manière des vrilles [1].

---

[1] Fritz Müller m'informe qu'il a vu dans les forêts du Brésil méridional de nombreuses ficelles noires ayant depuis quelques

REMARQUES FINALES SUR LES PLANTES GRIMPANTES.

Les plantes deviennent grimpantes, comme on peut le présumer, afin d'atteindre la lumière et d'exposer une large surface de leurs feuilles à son action et à celle de l'air libre. Ce résultat est obtenu par les plantes grimpantes avec une dépense prodigieusement faible de matière organisée en comparaison des arbres dont le tronc massif doit supporter un poids considérable de branches. Voilà pourquoi, sans doute, il y a, dans toutes les parties du globe, tant de plantes grimpantes appartenant à des familles si différentes. Ces plantes sont rangées en quatre classes, sans tenir compte de celles qui rampent simplement sur les buissons sans être douées d'aucun appareil spécial. Les plantes grimpant à l'aide de crochets sont les moins actives de toutes, au moins dans nos pays tempérés, et elles peuvent grimper seulement au milieu d'une masse enchevêtrée de végétation.

lignes jusqu'à près de $2^{cm},5$ de diamètre s'enrouler en spirale autour de troncs d'arbres gigantesques. Tout d'abord il crut que c'étaient les tiges de plantes volubiles qui s'élevaient ainsi le long des arbres ; mais il trouva ensuite que c'étaient les racines aériennes du *Philodendron* qui croissait sur les branches au-dessus. Ces racines semblent donc être véritablement volubiles, quoiqu'elles descendent au lieu de monter comme les tiges volubiles. Les racines aériennes de plusieurs autres espèces de *Philodendron* pendent verticalement en bas, parfois sur une longueur de plus de 15 mètres.

Les plantes grimpant à l'aide de radicelles sont admirablement adaptées pour s'élever le long des faces nues de rochers ou des troncs d'arbre; cependant, quand elles grimpent le long des troncs, elles sont obligées de se tenir surtout à l'ombre, elles ne peuvent passer d'une branche à l'autre et couvrir ainsi tout le sommet d'un arbre, car leurs radicelles exigent un contact prolongé et intime avec une surface solide, avant d'y adhérer. Les deux grandes classes de plantes volubiles et de plantes avec des organes sensibles, savoir, les plantes grimpant à l'aide de leurs feuilles et celles qui sont pourvues de vrilles prises ensemble, dépassent de beaucoup, sous le rapport du nombre et de la perfection de leur mécanisme, les plantes grimpantes des deux premières classes. Celles qui ont la faculté de s'enrouler spontanément et de saisir des objets avec lesquels elles viennent en contact, passent facilement d'une branche à l'autre et rampent avec succès sur une surface étendue et éclairée par le soleil.

Les divisions contenant les plantes volubiles, les plantes grimpant à l'aide de leurs feuilles et celles pourvues de vrilles passent insensiblement, jusqu'à un certain point, de l'une à l'autre, et presque toutes ont la faculté de s'enrouler spontanément. On peut demander si cette gradation indique que les plantes appartenant à une subdivision ont passé actuellement ou sont susceptibles de passer durant le laps des temps d'un état à l'autre? Une plante pourvue de vrilles, par exemple, a-t-elle acquis son organisation actuelle sans avoir passé antérieurement par l'état de plante volubile ou de plante grimpant à l'aide de ses feuilles? Si nous considérons seulement ces dernières, l'idée qu'elles étaient primordialement volubiles nous est forcément suggérée. Les entre-nœuds de toutes, sans exception, s'enroulent exactement comme les plantes volubiles; mais un petit nombre seulement sont encore très volubiles, et beaucoup d'autres le sont imparfaitement. Plusieurs genres de plantes grimpant à l'aide des feuilles sont alliés à d'autres genres qui sont simplement volubiles. Il faut remarquer aussi que la présence de feuilles avec des pétioles sensibles et avec la faculté qui en résulte de saisir un objet, serait comparativement peu utile à une plante sans les entre-nœuds qui, en se contournant, mettent les feuilles en contact avec un support; néanmoins, comme le professeur Jaeger l'a remarqué, il n'est pas douteux qu'une plante rampante puisse reposer sur d'autres plantes à l'aide de ses feuilles. D'autre part, les entre-nœuds enroulants suffisent, sans aucune autre aide, à rendre la plante grimpante; en sorte qu'il paraît probable que les végétaux grimpant à l'aide de leurs feuilles ont été dans la plupart des cas d'abord volubiles, et sont devenus ensuite capables de saisir un support : ce qui, comme nous le verrons dans un instant, constitue un grand avantage additionnel.

Pour des raisons analogues, il est probable que tous les végétaux pourvus de vrilles étaient primitivement volubiles, c'est-à-dire qu'ils sont les descendants de plantes ayant cette faculté et cette habitude; car les entre-nœuds de la plupart accomplissent un mouvement révolutif, et, dans un certain nombre d'espèces, la tige flexible conserve encore la faculté de s'enrouler en hélice autour d'un tuteur vertical. Les plantes pourvues de vrilles ont subi des modifications bien plus nombreuses que les plantes grimpant à l'aide de leurs feuilles; il n'est donc pas étonnant que les habitudes primordiales d'enroulement en spirale et en hélice qu'on leur attribue, aient été plus fréquemment perdues ou modifiées que dans les plantes grimpant à l'aide de leurs feuilles. Les trois grandes familles munies de vrilles dans lesquelles cette perte a eu lieu de la manière la plus marquée sont les *Cucurbitaceæ*, les *Passifloraceæ* et les *Vitaceæ*. Dans la première, les entre-nœuds exécutent un mouvement révolutif, mais je ne connais pas de forme volubile, à l'exception (suivant Palm, p. 29, 52) du *Momordica balsamina*, et encore celui-ci est-il une plante imparfaitement volubile. Dans les deux autres familles, je ne connais pas de plantes volubiles, et les entre-nœuds ont rarement le pouvoir de s'enrouler, ce pouvoir étant limité aux vrilles. Cependant les entre-nœuds du *Passiflora gracilis* ont cette faculté d'une manière parfaite et ceux de la Vigne ordinaire à un degré imparfait; de façon qu'au moins une trace de l'habitude supposée primordiale a été conservée par quelques membres de tous les groupes principaux de plantes pourvues de vrilles.

D'après cette manière de voir, on peut se demander : Pourquoi les espèces qui étaient primitivement volubiles ont été converties, dans tant de groupes, en plantes grimpant à l'aide de leurs feuilles ou pourvues de vrilles? Quel avantage en est-il résulté pour elles? Pourquoi ne sont-elles pas restées à l'état de simples plantes volubiles? Nous pouvons admettre plusieurs motifs : il pouvait être avantageux pour une plante d'acquérir une tige plus forte avec de courts entre-nœuds portant des feuilles grandes ou nombreuses; ces tiges sont mal adaptées pour être volubiles. Quiconque observera des plantes volubiles pendant que le vent souffle, verra qu'elles sont facilement éloignées de leur support : il n'en est pas de même des plantes pourvues de vrilles ou grimpant à l'aide de feuilles, car elles saisissent promptement et solidement leur support d'une manière beaucoup plus efficace. Dans les plantes qui s'enroulent encore, mais qui possèdent en même temps des vrilles ou des pétioles sensibles, telles que certaines espèces de *Bignonia*, de *Clematis* et de *Tropœolum*, on peut facilement observer qu'elles saisissent incomparablement mieux un tuteur vertical que ne le font des plantes simplement volubiles. Par suite de cette faculté de saisir un objet, les vrilles peuvent devenir longues et minces, en sorte que peu de matière organique est dépensée dans leur développement, et cependant elles décrivent un vaste cercle à la recherche d'un support. Les plantes munies de vrilles peuvent, dès leur première pousse, s'élever le long des branches extérieures de tout buisson voisin, et elles sont alors toujours exposées complètement à la lumière. Les plantes volubiles, au contraire, sont mieux organisées pour grimper le long des troncs nus, et elles poussent ordinairement à l'ombre. Dans les hautes et épaisses forêts des tropiques, les plantes volubiles réussiraient probablement mieux que la plupart des espèces pourvues de vrilles; mais du moins dans nos régions tempérées, le plus grand nombre des plantes volubiles ne peuvent pas, par suite de la nature de leur mouvement révolutif, s'élever le long des gros troncs. Les végétaux pourvus de vrilles, au contraire, peuvent le faire si les troncs ont des branches ou portent des menus branchages, et dans quelques espèces, si l'écorce est rugueuse.

L'avantage obtenu en grimpant est d'atteindre
la lumière et l'air libre avec aussi peu de dépense
que possible de matière organique ; or, chez les
plantes volubiles, la tige est beaucoup plus longue
que cela n'est absolument nécessaire ; j'ai mesuré,
par exemple, la tige d'un haricot qui s'était élevée
exactement à 60 centimètres de hauteur ; cette
tige en avait 90 de long ; d'autre part, la tige d'un
pois, qui s'était élevée à la même hauteur à l'aide
de ses vrilles, n'était guère plus longue que la hauteur qu'elle avait atteinte. Cette économie faite sur
la longueur de la tige est réellement un avantage
pour les plantes grimpantes. On peut le déduire de
l'examen des espèces qui s'enroulent encore en hélice,
mais qui, étant aidées par des pétioles préhenseurs
ou des vrilles, décrivent en général des spires
plus ouvertes que celles dessinées par des plantes
simplement volubiles. De plus, les plantes ainsi fa-
vorisées, après avoir fait un ou deux tours dans une
direction, s'élèvent en général verticalement sur
une certaine longueur, et puis renversent la direction de leur spire. Par ce moyen, elles s'élèvent
avec la même longueur de tige à une hauteur
beaucoup plus grande qu'elles n'auraient pu le faire
autrement, et elles le font avec succès, puisqu'elles
se fixent par intervalles à l'aide de leurs pétioles
préhenseurs ou de leurs vrilles.

Nous avons vu que les vrilles correspondent à

divers organes modifiés, savoir : des feuilles, des pédoncules floraux, des branches et peut-être des stipules. Relativement aux feuilles, la transformation est évidente. Dans les jeunes pieds de *Bignonia,* les feuilles inférieures restent souvent sans aucune modification, tandis que les supérieures ont leurs folioles terminales converties en vrilles parfaites; dans l'*Eccremocarpus,* j'ai vu la ramification latérale d'une vrille remplacée par une véritable foliole; d'autre part, dans le *Vicia sativa,* les folioles sont parfois remplacées par des vrilles ramifiées. Il existe beaucoup de cas analogues; mais ceux qui admettent la modification lente de l'espèce ne se contenteront pas de constater la nature homologique des différentes espèces de vrilles, ils voudront savoir, autant que possible, par quels degrés successifs les feuilles, les pédoncules floraux, etc., ont passé pour modifier complètement leurs fonctions et devenir des organes simplement préhensiles.

Dans tout le groupe des plantes grimpant à l'aide des feuilles, nous avons donné des preuves nombreuses qu'un organe, tout en remplissant les fonctions de feuille, peut devenir sensible à un contact et saisir ainsi un objet voisin. Chez plusieurs plantes grimpant à l'aide de véritables feuilles, celles-ci s'enroulent spontanément et leurs pétioles, après avoir saisi un support, deviennent plus épais et plus vigoureux. Nous voyons ainsi que les feuilles peuvent acquérir toutes les qualités principales et caractéristiques des vrilles, savoir : la sensibilité, le mouvement spontané, et subséquemment l'accroissement de volume. Si leurs limbes ou lames venaient à avorter, elles formeraient de véritables vrilles. Nous pouvons suivre chaque degré de cet avortement, jusqu'à ce qu'il ne reste plus aucune trace originelle de la vrille. Dans le *Mutisia clematis,* la vrille, sous le rapport de la forme et de la couleur, ressemble parfaitement au pétiole des feuilles ordinaires, ainsi qu'aux nervures moyennes des folioles ; parfois on trouve encore des vestiges de limbes. Dans quatre genres de Fumariacées, on peut suivre les différents degrés de transformation. Les folioles terminales du *Fumaria officinalis,* plante grimpant à l'aide de ses feuilles, ne sont pas plus petites que les autres folioles ; celles de l'*Adlumia cirrhosa,* grimpant au moyen de ses feuilles, sont considérablement réduites ; celles du *Corydalis claviculata* (plante qui peut être indifféremment appelée une plante grimpant à l'aide des feuilles ou une plante pourvue de vrilles) sont réduites à des dimensions microscopiques, ou ont le limbe complètement avorté, en sorte que cette plante est actuellement à l'état de transition ; enfin, dans le *Dicentra,* les vrilles sont parfaitement caractérisées. Par conséquent, si nous pouvions voir en même temps tous les ancêtres du *Dicentra,* nous nous trouverions très probablement en face d'une série comme celle que présentent maintenant les trois genres précités. Dans le *Tropæolum tricolorum,* nous avons un autre genre de passage : les premières feuilles formées sur les jeunes tiges sont entièrement dépourvues de limbes et doivent être appelées vrilles ; les dernières formées, au contraire, ont des limbes bien développés. Dans tous les cas, la sensibilité acquise par les nervures moyennes des feuilles paraît être dans un rapport intime avec l'avortement de leurs limbes.

D'après cette manière de voir, les plantes grimpant à l'aide des feuilles étaient primitivement des plantes volubiles et celles pourvues de vrilles (quand elles sont formées de feuilles modifiées) étaient primitivement des plantes grimpant à l'aide des feuilles. Ces dernières, par conséquent, sont intermédiaires par leur nature entre les végétaux volubiles et ceux pourvus de vrilles, et doivent avoir un degré de parenté avec les uns et avec les autres. C'est ce qui a lieu, en effet : ainsi les diverses espèces d'*Antirrhineæ,* de *Solanum,* de *Cocculus* et de *Gloriosa,* grimpant à l'aide de leurs feuilles, ont dans la même famille et même dans le même genre des parents qui sont volubiles. Dans le genre *Mikania,* il y a des espèces qui grimpent avec leurs feuilles et des espèces volubiles. Les espèces de

Clématite qui grimpent à l'aide de leurs feuilles sont très voisines du *Naravelia* pourvu de vrilles. Les Fumariacées comprennent des genres alliés intimement entre eux, dont les uns grimpent avec leurs feuilles, tandis que les autres sont munis de vrilles. En dernier lieu, une espèce de *Bignonia* est à la fois une plante grimpant à l'aide de ses feuilles et néanmoins armée de vrilles; des espèces très voisines sont volubiles.

D'autres vrilles sont des pédoncules floraux modifiés. Dans ce cas nous avons également un grand nombre d'états intéressants de transition. La vigne ordinaire (pour ne pas mentionner le *Cardiospermum*) nous montre tous les degrés imaginables entre une vrille parfaitement développée et un pédoncule floral couvert de fleurs, mais portant une ramification appelée vrille florale. Quand cette dernière est florifère (comme cela arrive quelquefois) et qu'elle conserve encore la faculté de saisir un support, nous reconnaissons là un état primitif de toutes ces vrilles qui ont été formées par la modification des pédoncules floraux.

Suivant Mohl et d'autres botanistes, quelques vrilles se composent de branches modifiées; je n'ai pas observé de cas semblables, et je ne sais rien au sujet de leur état de transition, mais ceux-ci ont été complètement décrits par Fritz

Müller. Le genre *Lophospermum* nous montre aussi comment une telle transition est possible; car ses branches s'enroulent spontanément et sont sensibles au contact. Par conséquent si les feuilles sur plusieurs branches du *Lophospermum* venaient à avorter, ces branches seraient converties en véritables vrilles. Et il n'y a rien d'improbable à supposer que certaines branches seules soient ainsi modifiées, tandis que d'autres ne le seraient pas : nous avons vu, en effet, pour certaines variétés de *Phaseolus*, que plusieurs des branches sont minces, flexibles et volubiles, tandis que d'autres branches sur la même plante sont rigides et non volubiles [1].

[1] Lorsque l'attention des observateurs se sera portée sur ce sujet, je ne doute pas que des anomalies, des cas tératologiques d'atavisme afférents aux plantes grimpantes ne jettent une vive lumière sur leur descendance. En voici un exemple : M. Faure, aide-botaniste de la Faculté de médecine de Montpellier, observa sur un vieux mur une touffe de muflier (*Antirrhinum majus*, L.) qui présentait, à l'aisselle de ses feuilles, des ramuscules simples, grêles, garnis de feuilles plus petites. Ces ramuscules s'enroulaient, soit autour des tiges voisines, soit autour d'une grande feuille, soit autour de leur propre tige, à la manière des pétioles des feuilles de *Clematis* ou de *Lophospermum*. La touffe du muflier était maigre, peu développée, les grappes pauciflores et les fleurs petites. On pourrait donc penser que ces circonstances, dues à ce que la plante croissait sur un mur, pouvaient avoir eu quelque influence sur le développement de ces ramuscules doués de la faculté de s'enrouler; mais peu de temps après le professeur Ch. Martins observait dans le jardin du Pavillon, occupé jadis par la cé-

Si nous recherchons comment un pétiole, une branche ou un pédoncule floral sont devenus d'abord sensibles à un contact et ont acquis la faculté de se courber vers le côté touché, nous n'avons aucune donnée certaine à cet égard. Néanmoins une observation de Hofmeister [1], qui mérite bien de fixer l'attention, est celle que les tiges et les feuilles de toutes les plantes, quand elles sont jeunes, se meuvent après avoir été choquées. Kerner trouva aussi, comme nous l'avons vu, que les pédoncules floraux d'un grand nombre de plantes, s'ils sont choqués ou frottés délicatement, s'incurvent de ce côté. Or, ce

lèbre marquise de Sévigné à Vichy, une magnifique touffe d'*Antirrhinum majus*, haute d'un mètre, pourvue également de ramuscules grêles s'enroulant autour des tiges les plus rapprochées de l'*Antirrhinum* lui-même et des branches d'un rosier voisin. La plante, plongeant ses racines dans les riches alluvions de l'Allier, était des plus luxuriantes. Les grappes de fleurs magnifiques présentaient aussi une anomalie : elles étaient contournées, non pas en hélice ou en spirale, mais en S. On ne saurait donc invoquer pour le pied d'*Antirrhinum* observé par M. Faure l'idée d'une influence particulière de la station. Il est bien plus probable que nous sommes en présence de deux faits d'atavisme et que les ancêtres des mufliers étaient des plantes grimpantes, comme les espèces des genres les plus voisins, *Lophospermum*, *Maurandia* et *Rhodochiton*, le sont encore. (Voy. pour plus de détails, *Revue des sciences naturelles*, t. V, p. 84, pl. IV, 1876.)

(*Note du Traducteur.*)

[1] Cité par Cohn, dans son remarquable mémoire « *Contractile Gewebe im Pflanzenreiche* », *Abhandl. der Schlesischen Gesellschaft*, Heft I, p. 35.

sont les jeunes pétioles et les vrilles, quelle que soit leur nature homologique, qui se meuvent après avoir été touchés. Il semblerait donc qu'une faculté originelle et très répandue s'est développée et perfectionnée dans les plantes grimpantes qui l'ont utilisée. Cette faculté, autant que nous pouvons le constater, est sans utilité pour les autres plantes. Si nous recherchons en outre comment les tiges, les pétioles, les vrilles et les pédoncules floraux des plantes grimpantes ont acquis d'abord leur faculté de s'enrouler spontanément, ou, pour parler plus exactement, de s'incurver successivement vers tous les points de l'horizon, nous sommes encore réduits au silence; nous pouvons seulement faire observer que la faculté de se mouvoir, soit spontanément, soit par suite de divers stimulants, est bien plus commune chez les plantes que ne le supposent généralement ceux qui n'ont pas étudié ce sujet. J'ai cité un exemple remarquable, celui du *Maurandia semperflorens,* dont les jeunes pédoncules floraux s'enroulent spontanément en cercles très petits et s'incurvent à un contact léger du côté touché. Cependant cette plante n'utilise assurément pas ces deux facultés qui sont faiblement développées. Un examen rigoureux d'autres jeunes plantes montrerait probablement de légers mouvements spontanés dans leurs tiges, leurs pétioles ou leurs pédoncules, ainsi qu'une certaine sensibilité au

contact[1]. Nous voyons du moins que le *Maurandia,*
par suite d'un léger accroissement des facultés
qu'il possède, pourrait saisir d'abord un support
par ses pédoncules floraux, et puis, par suite de
l'avortement de plusieurs de ses fleurs (comme chez
le *Vitis* ou *Cardiospermum*), acquérir des vrilles
parfaites.

Il y a un autre point intéressant qui mérite de
fixer notre attention. Nous avons vu que certaines
vrilles doivent leur origine à des feuilles modifiées
et d'autres à des pédoncules floraux modifiés : en
sorte que les unes sont de nature foliaire et les autres de nature axile. On aurait donc pu s'attendre
à ce qu'elles eussent présenté quelques différences de
fonction. Il n'en est rien; au contraire, elles offrent
l'identité la plus complète dans leurs diverses facultés caractéristiques. Ces deux espèces de vrilles
s'enroulent spontanément à peu près avec la même
vitesse. Toutes les deux, quand elles sont touchées
d'un côté, s'incurvent rapidement de ce côté, se redressent ensuite et sont prêtes à agir de nouveau.

[1] Je trouve maintenant que l'existence de ces légers mouvements spontanés étaient déjà connue, par exemple pour les tiges
florales du *Brassica napus* et pour les feuilles de beaucoup d'autres plantes (Sachs, Traité de Botanique, 1875, p. 766-785).
Fritz Müller a montré aussi, relativement au sujet actuel (*Je-
naische Zeitschrift,* Bd. V, Heft 2, p. 133), que les jeunes
tiges d'un *Alisma* et d'un *Linum* accomplissent continuellement vers tous les points de l'horizon de légers mouvements,
comme ceux des plantes grimpantes.

Dans les deux cas la sensibilité est bornée à un seul côté ou étendue à toute la périphérie de la vrille. Toutes deux sont ou attirées ou repoussées par la lumière. On observe la dernière propriété dans les vrilles foliaires du *Bignonia capreolata* et dans les vrilles axiles de l'*Ampelopsis*. Dans ces deux végétaux, les extrémités des vrilles s'élargissent après un contact en disques qui deviennent adhésifs par la sécrétion d'un ciment. Les deux espèces de vrilles, bientôt après avoir saisi un support, se contractent en spirale; elles augmentent alors considérablement en épaisseur et en force. Si on ajoute à ces diverses preuves que le pétiole du *Solanum jasminoides,* après avoir saisi un support, offre un des traits les plus caractéristiques de l'axe, savoir, un anneau complet de vaisseaux ligneux, on ne peut guère s'empêcher de demander si la différence entre les organes foliaires et axiles est aussi fondamentale qu'on le suppose généralement [1].

Nous avons essayé de suivre plusieurs des degrés de la genèse des plantes grimpantes. Mais pendant les fluctuations infinies des conditions d'existence auxquelles tous les êtres organisés

---

[1] M. Herbert Spencer a démontré récemment (*Principles of Biology*, 1865, p. 37 et seq.), avec beaucoup de force, qu'il n'y a pas de distinction fondamentale entre les organes foliaires et les productions axiles des plantes.

ont été exposés, on doit s'attendre à ce que certaines plantes grimpantes aient perdu l'habitude de grimper. Nous trouvons une preuve en faveur de cette opinion dans certaines espèces de l'Afrique méridionale appartenant à des grandes familles de plantes volubiles, qui ne sont jamais volubiles dans leur patrie, mais qui le redeviennent quand elles sont cultivées en Angleterre. Dans le *Clematis flammula* grimpant à l'aide de ses feuilles et dans la vigne pourvue de vrilles, nous n'observons aucun affaiblissement dans la faculté de grimper, mais seulement un reliquat de la faculté d'enroulement, qui est indispensable à toutes les plantes volubiles et qui est aussi commune qu'utile à la plupart des plantes grimpantes. Dans le *Tecoma radicans*, une Bignoniacée, nous voyons une dernière trace, mais douteuse, de la faculté d'enroulement.

Quant à l'avortement des vrilles, certaines variétés cultivées du *Cucurbita pepo* ont, suivant Naudin[1], perdu totalement ces organes ou conservé seulement des organes anormaux qui les représentent. D'après mon expérience personnelle, je ne connais qu'un seul exemple évident de leur suppression naturelle, savoir, dans le haricot commun. Toutes les autres espèces de *Vicia*, je crois,

[1] Annales des Sc. nat., 4ᵉ série, Bot., t. VI, 1856, p. 31.

portent des vrilles, mais le haricot est assez rigide pour supporter sa propre tige et, dans cette espèce, à l'extrémité du pétiole où, d'après l'analogie, une vrille aurait dû exister, on voit poindre un petit filament aigu, long d'un tiers de pouce ($8^{mm},3$) environ et qui est probablement le rudiment d'une vrille. Cela est d'autant plus probable que l'on observe parfois des rudiments semblables sur d'autres plantes à vrilles lorsqu'elles sont jeunes ou mal portantes. Dans le haricot ces filaments ont une forme variable, comme c'est fréquemment le cas pour les organes rudimentaires; ils sont cylindriques ou foliaires, ou bien profondément sillonnés à la surface supérieure, et n'ont conservé aucun vestige de la faculté d'enroulement. C'est un fait curieux que beaucoup de ces filaments, quand ils sont foliacés, ont à leur surface inférieure des glandes d'une couleur foncée, comme celles des stipules; elles excrètent un liquide sucré; en sorte que ces filaments n'ont qu'une bien faible utilité.

Un autre cas analogue, quoique hypothétique, mérite d'être cité. Presque toutes les espèces de *Lathyrus* possèdent des vrilles; mais le *L. nissolia* en est dépourvu. Cette plante a des feuilles qui doivent avoir frappé de surprise quiconque les a observées, car elles diffèrent entièrement de celles de toutes les Papilionacées ordinaires, et ressemblent à celles d'une Graminée. Dans une autre espèce, le *L. aphaca,* la vrille, qui est peu développée, (car elle n'est pas ramifiée et n'a pas la faculté de s'enrouler spontanément) remplace les feuilles, ces dernières étant suppléées dans leurs fonctions par de grandes stipules. Supposons maintenant que les vrilles du *L. aphaca* deviennent aplaties et foliacées, comme les petites vrilles rudimentaires du haricot, et que les grandes stipules soient réduites en même temps de dimension, parce qu'elles ne sont plus nécessaires, nous aurions exactement la contre-partie du *L. nissolia* et nous comprenons de suite la nature de ses curieuses feuilles.

Ajoutons, pour résumer les idées qui précèdent sur l'origine des plantes pourvues de vrilles, que le *L. nissolia* descend probablement d'une plante primordiale volubile, puis celle-ci est devenue une plante grimpant à l'aide des feuilles, les feuilles se sont ensuite converties graduellement en vrilles, avec les stipules notablement augmentées de dimension par suite de la loi de balancement[1]. Après un certain temps les vrilles ont perdu leurs ramifications et sont devenues simples, et leur faculté d'enroulement s'est éteinte. Cet état est celui des

---

[1] Moquin-Tandon (*Éléments de Tératologie*, 1841, p. 156) cite l'exemple d'un haricot monstrueux dans lequel un fait de balancement de cette nature s'effectua rapidement; car les feuilles disparurent complètement et les stipules devinrent énormes.

vrilles du *L. aphaca* actuel ; mais après avoir perdu leur faculté préhensile et être devenues foliacées, elles ne pouvaient plus être désignées sous ce nom. Dans ce dernier état, celui du *L. nissolia* actuel, les vrilles remplissent de nouveau les fonctions des feuilles et les stipules antérieurement très développées n'étant plus nécessaires ont dû diminuer de volume. Si l'espèce se modifie dans le cours des siècles, comme presque tous les naturalistes l'admettent aujourd'hui, nous pouvons conclure que le *L. nissolia* a traversé une série de métamorphoses analogues jusqu'à un certain point à celles que nous venons d'indiquer.

Le point le plus intéressant dans l'histoire naturelle des plantes grimpantes est la correspondance qui existe entre leurs besoins et leurs divers modes de mouvement. Les organes les plus divers : tiges, branches, pédoncules floraux, pétioles, nervures moyennes de la feuille et des folioles et racines aériennes, tous possèdent cette faculté.

Le premier acte d'une vrille est de se placer dans une position convenable. Par exemple, la vrille du *Cobœa* s'élève d'abord verticalement avec ses branches divergentes et avec les crochets terminaux tournés en dehors ; la jeune pousse à l'extrémité de la tige est en même temps courbée de côté, de manière à ne pas la gêner dans son parcours. D'autre part, les jeunes feuilles de la Clématite se préparent pour l'action en s'incurvant temporairement en bas, de manière à servir de grappin.

Deuxièmement, si une plante volubile ou une vrille se trouve accidentellement dans une position inclinée, elle se courbe bientôt en haut quoiqu'elle soit à l'abri de la lumière. Le *stimulus* déterminant est sans aucun doute la pesanteur, comme Andrew Knight a montré que c'était le cas pour les plantes germantes. Si une pousse d'une plante quelconque se trouve dans une position inclinée dans un verre d'eau à l'abri de la lumière, son extrémité se courbera en haut au bout de quelques heures, et quand la position de la tige sera ainsi renversée, la pousse dirigée vers le sol se redressera; mais si l'on traite ainsi le stolon d'une fraise, qui n'a pas de tendance à croître en haut, il s'incurvera en bas dans le sens de la pesanteur, au lieu d'être en opposition avec elle. Comme pour le fraisier il en est généralement de même pour les tiges volubiles de l'*Hibbertia dentata*, qui grimpent latéralement d'un buisson à l'autre; car ces tiges, si elles sont placées dans une position inclinée en bas, montrent une tendance faible et parfois nulle à se redresser.

Troisièmement, les plantes grimpantes, comme les autres plantes, s'incurvent vers la lumière par un mouvement très analogue à l'incurvation qui détermine leur enroulement, en sorte que leur mouvement révolutif est souvent accéléré ou retardé lorsqu'elles se dirigent vers la lumière ou lorsqu'elles s'en éloignent. D'autre part, dans quelques cas, les vrilles s'incurvent vers l'obscurité.

Quatrièmement, nous avons le mouvement révolutif spontané qui est indépendant de tout *stimulus* extérieur, mais qui est subordonné à la jeunesse de la partie et à une santé vigoureuse; ceci, comme de raison, dépend encore d'une température appropriée et d'autres conditions favorables.

Cinquièmement, les vrilles, quelle que soit leur nature homologique, les pétioles ou les extrémités des feuilles de plantes grimpant à l'aide des feuilles et sans doute certaines racines, ont tous la faculté de se mouvoir quand on les touche, et se courbent promptement vers le côté touché. Une pression extrêmement légère est souvent suffisante. Si la pression n'est pas permanente, la partie en question se redresse et est de nouveau prête à se courber si elle est touchée.

Sixièmement, les vrilles, bientôt après avoir saisi un support, mais non pas après une simple courbure temporaire, se contractent en spirale. Si elles ne sont pas arrivées au contact d'un objet, elles finissent par se contracter en spirale après avoir cessé de s'enrouler, mais dans ce cas le mouvement

est sans utilité et a lieu seulement après un laps
de temps considérable.

Relativement aux moyens à l'aide desquels ces
divers mouvements s'effectuent, on ne peut guère
douter, d'après les recherches de Sachs et de H. de
Vries, qu'ils ne soient dus à une inégalité d'accroissement; mais, d'après les raisons déjà données, je
ne saurais croire que cette explication s'applique
aux mouvements rapides dus à un contact délicat.

Enfin, les plantes grimpantes sont assez nombreuses pour former un groupe remarquable dans
le règne végétal, surtout dans les forêts tropicales.
L'Amérique, qui abonde tellement en animaux vivant sur les arbres, comme M. Bates le fait remarquer, abonde également, suivant Mohl et Palm,
en plantes grimpantes; et parmi les plantes pourvues de vrilles que j'ai examinées, les espèces les
plus développées sont originaires de ce grand continent, savoir : les diverses espèces de *Bignonia,*
d'*Eccremocarpus,* de *Cobæa* et d'*Ampelopsis.* Mais,
même dans les fourrés de nos régions tempérées,
le nombre des espèces et des individus qui grimpent est considérable, comme on peut s'en assurer
en les comptant. Elles appartiennent à des ordres
nombreux et très éloignés les uns des autres. Pour
se faire une idée générale de leur distribution dans
la série végétale, j'ai noté, d'après les listes données par Mohl et Palm (en ajoutant quelques

espèces moi-même, et tout botaniste compétent pourra sans doute en augmenter le nombre), les familles du *Règne végétal* de Lindley, qui comprennent des plantes volubiles ou grimpant à l'aide des feuilles ou pourvues de vrilles. Lindley divise les végétaux Phanérogames en cinquante-neuf alliances; parmi celles-ci, trente-cinq renferment des plantes grimpantes suivant les différents modes énumérés, en exceptant celles qui grimpent à l'aide de crochets ou de crampons. On devrait ajouter à celles-ci un petit nombre de plantes cryptogames. Tous ces végétaux sont très éloignés les uns des autres dans la série, et d'un autre côté dans plusieurs des familles les plus importantes et les mieux définies, telles que les Composées, les Rubiacées, les Scrophulariées, les Liliacées, etc., deux ou trois genres seulement contiennent des plantes grimpantes. La conclusion qui s'impose à l'esprit, c'est que la faculté de s'enrouler propre à la plupart des plantes grimpantes est inhérente, bien que non développée, à presque toutes les espèces du règne végétal.

On a affirmé souvent vaguement que les plantes se distinguent des animaux par l'absence de mouvement. Il serait plus vrai de dire que les plantes n'acquièrent et ne manifestent cette faculté que dans les cas où elle peut leur être utile, ce qui est comparativement rare, car elles sont fixées au sol

et la nourriture leur est apportée par l'air et la
pluie. On voit à quel degré une plante peut s'élever
dans l'échelle de l'organisation, quand on considère
une des plantes les mieux pourvues de vrilles. Elle
place d'abord ses vrilles prêtes pour l'action, comme
un polype dispose ses tentacules. Si la vrille est déplacée, elle subit l'influence de la pesanteur et se
redresse néanmoins; elle est influencée par la lumière, elle se courbe vers elle ou la fuit, ou bien
elle n'en tient pas compte, selon qu'elle y trouve
son avantage. Pendant plusieurs jours, les vrilles
ou les entre-nœuds, ou tous les deux, s'enroulent
spontanément avec un mouvement régulier. La
vrille touche un objet, le contourne promptement
et le saisit solidement. Au bout de quelques heures,
elle se contracte en hélice, entraînant la tige en
haut, et devient un excellent ressort élastique. Alors
tous les mouvements s'arrêtent. Par suite de l'accroissement, tous les tissus deviennent bientôt prodigieusement forts et durables. La vrille a achevé
son œuvre et elle l'a admirablement accomplie.

FIN.

TABLE DES MATIÈRES

TABLE DES FIGURES

CATALOGUE

DES

LIVRES DE FONDS

DE

C. REINWALD

Libraire-Éditeur

15, rue des Saints-Pères, 15

DIVISION DU CATALOGUE

PARIS

MAI 1890

PUBLICATIONS PÉRIODIQUES

Archives de Zoologie expérimentale et générale. Histoire naturelle. — Morphologie. — Histologie. — Evolution des animaux. Publiées sous la direction de Henri de Lacaze-Duthiers, membre de l'Institut, professeur d'anatomie et de physiologie comparée et de zoologie à la Sorbonne.

Les *Archives de Zoologie expérimentale et générale* paraissent par cahiers trimestriels. Quatre cahiers ou numéros forment un volume gr. in-8° avec planches noires et coloriées.

Prix de l'abonnement : Paris, 40 fr.; Départements et Étranger .... 42 fr.

Première Série. Tome I, 1872; tome II, 1873; tome III, 1874; tome IV, 1875; tome V, 1876; tome VI, 1877; tome VII, 1878; tome VIII, 1879-1880; tom IX, 1881; tome X, 1882. Chaque volume cartonné...................... 42 fr.

Deuxième Série. Tome I   (Onzième volume ou année 1883).

  —   —   Tome II (Douzième volume ou année 1884).

  —   —   Tome III (Treizième volume ou année 1885).

  —   —   Tome IV (Quatorzième volume ou année 1886).

  —   —   Tome V (Quinzième volume ou année 1887).

  —   —   Tome VI (Seizième volume ou année 1888).

  —   —   Tome VII (Dix-septième volume ou année 1889).

Chaque volume cartonné.. 42 fr.

Le tome VIII de la deuxième série (année 1890) est en cours de publication.

Il a paru en outre de la collection le tome XIII *bis* (supplémentaire à l'année 1885) ou volume III *bis* de la deuxième série.

Revue d'Anthropologie. Publiée sous la direction de M. Paul Broca, secrétaire général de la Société d'anthropologie, directeur du laboratoire d'Anthropologie de l'École des hautes études, professeur à la Faculté de médecine. 1872, 1873 et 1874. — 1ʳᵉ, 2ᵉ et 3ᵉ années ou volumes I, II et III. Chaque volume .... 20 fr.

Matériaux pour l'histoire primitive et naturelle de l'Homme. Revue mensuelle illustrée, fondée par M. G. de Mortillet, 1865 à 1868, dirigée depuis 1869 par M. Emile Cartailhac et E. Chantre. Format in-8°, avec de nombreuses gravures.

La collection des Matériaux se composant actuellement de 22 volumes coûte 500 fr. Prix de chaque volume séparé, 20 fr. Il reste peu de volumes séparés, la plupart étant épuisés.

Bulletin mensuel de la librairie française. Publié par C. Reinwald. 1890. 32ᵉ année. 8 pages in-8°. — Prix de l'abonn': France, 2 fr. 50; Etranger, 3 fr.

Ce Bulletin paraît au commencement de chaque mois, et donne le titre et les prix des principales nouvelles publications de France, ainsi que de celles en langue française éditées en Belgique, en Suisse, en Allemagne, etc., avec indications des éditeurs ou de leurs dépositaires à Paris.

BIBLIOTHÈQUE
DES SCIENCES CONTEMPORAINES

PUBLIÉE AVEC LE CONCOURS

DES SAVANTS ET DES LITTÉRATEURS LES PLUS DISTINGUÉS

Depuis le siècle dernier, les sciences ont pris un énergique essor en s'inspirant de la féconde méthode de l'observation et de l'expérience. On s'est mis à recueillir, dans toutes les directions, les faits positifs, à les comparer, à les classer et à en tirer des conséquences légitimes. Les résultats déjà obtenus sont merveilleux. Des problèmes qui semblaient devoir à jamais échapper à la connaissance de l'homme ont été abordés et en partie résolus. Mais jusqu'à présent ces magnifiques acquisitions de la libre recherche n'ont pas été mises à la portée des gens du monde ; elles sont éparses dans une multitude de recueils, mémoires et ouvrages spéciaux, et, cependant, il n'est plus permis de rester étranger à ces conquêtes de l'esprit scientifique moderne, de quelque œil qu'on les envisage.

Un plan uniforme, fermement maintenu par un comité de rédaction, préside à la distribution des matières, aux proportions de l'œuvre et à l'esprit général de la collection.

Conditions de la souscription. — Cette collection paraît par volumes in-12 format anglais ; chaque volume a de 10 à 15 feuilles, ou de 350 à 500 pages au moins. Les prix varient suivant la nécessité, de 3 à 5 francs.

EN VENTE

I. — DICTIONNAIRES

Nouveau Dictionnaire universel
DE LA

LANGUE FRANÇAISE

Rédigé d'après les travaux et les Mémoires des membres

DES CINQ CLASSES DE L'INSTITUT

ENRICHI D'EXEMPLES EMPRUNTÉS AUX ÉCRIVAINS, AUX PHILOLOGUES ET AUX SAVANTS
LES PLUS CÉLÈBRES DEPUIS LE XVIe SIÈCLE JUSQU'A NOS JOURS

Par M. P. POITEVIN

Nouvelle édition, revue et corrigée. 2 vol. in-4°, imprimés sur papier grand
raisin. Prix, broché, 40 fr. Relié en 1/2 maroq. très solide, 50 fr.

DICTIONNAIRE TECHNOLOGIQUE

DANS LES LANGUES

FRANÇAISE, ANGLAISE ET ALLEMANDE

Renfermant les termes techniques usités dans les arts et métiers et dans l'industrie en général

Rédigé par M. Alexandre TOLHAUSEN
Revu et augmenté par M. Louis TOLHAUSEN

Ire partie : *Français-allemand-anglais*. 1 vol. in-12, avec un nouveau grand
supplément.. 12 fr.
Le *Nouveau grand supplément* de la 1re partie se vend séparément 3 fr. 75.
IIe partie : *Anglais-allemand-français*. 1 vol. in-12.............. 11 fr. 25
IIIe partie : *Allemand-anglais-français*. 1 vol. in-12............... 10 fr.

A complete Dictionary of the English and French Languages with the
Accentuation and the litteral Pronunciation, by W. James and A. Molé.
In-12. Broché... 7 fr.

A complete Dictionary of the English and Italian Languages with the
Italian Pronunciation, by W. James and Gius. Grassi. In-12. Broché. 6 fr.

A complete Dictionary of the English and German Languages with the
Pronunciation after Walker and Heinsius, by W. James. In-12. Broché. 5 fr.

Dictionnaire français-anglais et anglais-français, par Wessely. 1 vol.
in-16. Cartonné toile... 2 fr.

Dictionnaire anglais-allemand et allemand-anglais, par Wessely. 1 vol.
in-16. Cartonné toile... 3 fr.

Dictionnaire anglais-italien et italien-anglais, par Wessely. 1 volume
in-16. Cartonné toile... 3 fr.

Dictionnaire italien-allemand et allemand-italien, par Locella. 1 volume
in-16. Broché, 2 fr.; cartonne toile..................................... 3 fr.

Dictionnaire anglais-espagnol et espagnol-anglais, par Wessely et Gironès.
1 vol. in-16. Cartonné toile .... 3 fr.

Dictionnaire de poche espagnol-français et français-espagnol, par
Louis Tolhausen. 1 vol. in-16. Broché, 2 fr.; cartonné toile........ 2 fr. 50

Dictionnaire allemand-français et français-allemand, de J. E. Wessely.
1 vol. in-16. Cartonnage classique, 1 fr.; cart. toile.................... 2 fr.

Dictionnaire latin-anglais et anglais-latin. 1 vol. in-16. Cart. toile .. 3 fr.

II. — *SCIENCES NATURELLES*

OUVRAGES DE CH. DARWIN

L'Origine des Espèces au moyen de la sélection naturelle ou la Lutte pour l'existence dans la nature. Traduit sur l'édition anglaise définitive par Edmond Barbier. 1 volume in-8°. Cartonné à l'anglaise .... 8 fr.

De la Variation des Animaux et des Plantes à l'état domestique. Traduit sur la seconde édition anglaise par Ed. Barbier, préface par Carl Vogt. 2 vol. in-8°, avec 43 gravures sur bois. Cart. à l'anglaise .... 20 fr.

La Descendance de l'Homme et la Sélection sexuelle. Traduit de l'anglais par Edmond Barbier, préface de Carl Vogt. Troisième édition française. 1 vol. in-8° avec grav. sur bois. Cartonné à l'anglaise .... 12 fr. 50

L'Expression des Émotions chez l'Homme et les Animaux. Traduit de l'anglais par les docteurs Samuel Pozzi et René Benoît. 2ᵉ édition revue et corrigée (nouveau tirage), avec 21 grav. sur bois et 7 planches photographiées. Cartonné à l'anglaise .... 10 fr.

Voyage d'un Naturaliste autour du Monde, fait à bord du navire *Beagle*, de 1831 à 1836. Traduit de l'anglais par E. Barbier. 1 vol. in-8° avec gravures sur bois. Cartonné à l'anglaise .... 10 fr.

Les Mouvements et les Habitudes des Plantes grimpantes. Traduit de l'anglais sur la deuxième édition par le docteur Richard Gordon. 1 vol. in-8° avec 13 figures dans le texte. Cart. à l'anglaise .... 6 fr.

Les Plantes insectivores. Traduit de l'anglais par Edm. Barbier, précédé d'une Introduction biographique et augmenté de Notes complémentaires par le professeur Charles Martins. 1 vol. in-8° avec 30 figures dans le texte. Cartonné à l'anglaise .... 10 fr.

Des Effets de la Fécondation croisée et directe dans le règne végétal. Traduit de l'anglais par le docteur Ed. Heckel, professeur à la Faculté des sciences de Marseille. 1 vol. in-8°. Cartonné à l'anglaise .... 10 fr.

Des différentes Formes de Fleurs dans les plantes de la même espèce. Traduit de l'anglais avec l'autorisation de l'auteur et annoté par le Dʳ Ed. Heckel, précédé d'une Préface analytique du professeur Coutance. 1 vol. in-8° avec 15 gravures dans le texte. Cartonné à l'anglaise .... 8 fr.

La Faculté motrice dans les Plantes, avec la collaboration de Fr. Darwin fils. Traduit de l'anglais, annoté et augmenté d'une préface par le Dʳ E. Heckel. 1 vol. in-8° avec gravures. Cartonné à l'anglaise .... 10 fr.

Rôle des vers de terre dans la formation de la terre végétale. Traduit de l'anglais par M. Levêque, préface par M. Edmond Perrier, professeur au Muséum d'histoire naturelle. 1 vol. in-8°, avec 15 gravures sur bois intercalées dans le texte. Cartonné à l'anglaise .... 7 fr.

Les Récifs de Corail, leur structure et leur distribution. Traduit de l'anglais d'après la seconde édition par M. L. Cosserat, professeur agrégé de l'Université. 1 vol. in-8, avec 3 planches hors texte. Cartonné à l'anglaise .... 8 fr.

LA VIE ET LA CORRESPONDANCE
DE
CHARLES DARWIN
Avec un chapitre autobiographique.

Publiés par son fils, M. Francis DARWIN

Traduit de l'anglais par HENRY C. DE VARIGNY, docteur ès sciences. 2 vol. in-8°, avec portraits, gravure et autographe. Cart. 20 fr.

TRAITÉ
D'ANATOMIE COMPARÉE PRATIQUE

PAR

Carl VOGT et Émile YUNG

DIRECTEUR   PRÉPARATEUR

du Laboratoire d'Anatomie comparée et de Microscopie de l'Université de Genève,

Le *Traité d'Anatomie comparée pratique*, dont nous annonçons la publication, est destiné surtout à servir de guide dans les laboratoires zoologiques.

Une longue expérience, acquise autant dans divers laboratoires et stations maritimes que dans la direction du laboratoire d'anatomie comparée et de microscopie de l'Université de Genève, a démontré à MM. C. Vogt et E. Yung l'utilité d'un traité resumant la technique à suivre pour atteindre à la connaissance intime d'un type donné du règne animal.

Le but de ce *Traité*, qui sera composé d'une série de monographies anatomiques de types, résumant l'organisation animale tout entière, est de mettre l'étudiant en mesure de questionner méthodiquement la nature pour lui arracher ses secrets. En sortant des écoles préparatoires, le jeune homme doit apprendre à voir, à observer, à faire des expériences, et c'est alors qu'il lui faut des jalons, des points de repère pour suivre une route aussi hérissée de difficultés.

Mais, si le *Traité d'Anatomie comparée pratique* s'adresse, en premier lieu, aux étudiants et aux commençants, il ne sera pas moins utile aux professeurs et aux chefs de travaux chargés d'enseigner la science ou de diriger des laboratoires, car ils y trouveront un résumé de toute l'anatomie comparée et pourront y renvoyer l'étudiant arrêté par une difficulté.

Tome I. Un vol. gr. in-8° de 900 pages, avec 425 figures, cartonné toile, 28 fr.

Le présent ouvrage formera deux volumes grand in-8°. Le second volume est sous presse et sera publié par livraisons de 5 feuilles chacune, avec des gravures intercalées dans le texte. Les cinq premières livraisons du tome II sont en vente. — Prix de chaque livraison.... ..... 2 fr. 50

AUTRES OUVRAGES DE CARL VOGT

Lettres physiologiques. Première édition française de l'auteur. 1 vol. in-8° avec 110 gravures sur bois. Cartonné toile anglaise............. 12 fr. 50

Leçons sur les animaux utiles et nuisibles, les bêtes calomniées et mal jugées. Traduit de l'allemand par M. G. Bayvet, revues par l'auteur et accompagnées de gravures. 3° édition. Ouvrage couronné par la Société protectrice des animaux. 1 vol. in-12. Broché, 2 fr.; cart. toile anglaise .... 2 fr. 50

Leçons sur l'Homme, sa place dans la création et dans l'histoire de la terre. Traduit par J. J. Moulinié. 2° édition, revue par M. Edmond Barbier. 1 vol. in-8°, avec gravures dans le texte. Cartonné toile anglaise........... 10 fr.

La Provenance des Entozoaires de l'homme et de leur évolution. Conférence faite au Congrès international des sciences médicales à Genève, le 15 septembre 1877. 1 vol. gr. in-8°, avec 61 figures dans le texte............ 2 fr.

OUVRAGES DE ERNEST HAECKEL

Professeur de Zoologie à l'Université d'Iéna.

Histoire de la Création des Êtres organisés d'après les lois naturelles. Conférences scientifiques sur la doctrine de l'évolution en général et celle de Darwin, Goethe et Lamarck en particulier. Traduit de l'allemand par le D' Letourneau et précédées d'une introduction par le prof. Ch. Martins. Troisième édition. 1 vol. in-8° avec 15 planches, 19 gravures sur bois, 18 tableaux généalogiques et une carte chromolith. Cart. à l'anglaise... 12 fr. 50

Lettres d'un voyageur dans l'Inde. Traduites de l'allemand par le D' Ch. Letourneau. 1 vol. in-8°. Cartonné à l'anglaise..................... 8 fr.

OUVRAGES DU PROFESSEUR LOUIS BÜCHNER

L'Homme selon la Science, son passé, son présent, son avenir, ou D'où venons-nous? — Qui sommes-nous? — Où allons-nous? Exposé très simple, suivi d'un grand nombre d'éclaircissements et remarques scientifiques. Traduit de l'allemand par le D' Ch. Letourneau, orné de nombreuses gravures sur bois. Quatrième édition. 1 vol. in-8°......... .... **7 fr.**

Force et Matière, ou principes de l'ordre naturel de l'univers mis à la portée de tous, avec une théorie de la morale basée sur ces principes. Sixième édition française. Traduit de l'allemand, avec l'approbation de l'auteur, par A. Regnard. 1 vol. in-8°, avec le portrait de l'auteur................. **7 fr.**

Conférences sur la Théorie darwinienne de la transmutation des espèces et de l'apparition du monde organique. Application de cette théorie à l'homme, ses rapports avec la doctrine du progrès et avec la philosophie matérialiste du passé et du présent. Traduit de l'allemand, avec l'approbation de l'auteur, d'après la seconde édition, par Auguste Jacquot. 1 vol. in-8°........ **5 fr.**

La Vie psychique des bêtes. Trad. de l'allemand par le D' Ch. Letourneau. 1 vol in-8° avec gravures. Broché, 7 fr.; relié toile, tr. dorées......... **9 fr.**

Lumière et Vie. Trois leçons populaires d'histoire naturelle sur le soleil dans ses rapports avec la vie, sur la circulation des forces et la fin du monde, sur la philosophie de la génération. Traduit de l'allemand par le docteur Ch. Letourneau. 1 vol. in-8°..................................... **6 fr.**

Nature et Science. Études, critiques et mémoires, mis à la portée de **tous.** Deuxième volume. Traduit de l'allemand, avec l'approbation de l'auteur, **par** le docteur Gustave Lauth (de Strasbourg), 1 vol. in-8°............... **7 fr.**

TRAITE D'ANATOMIE HUMAINE
par CARL GEGENBAUR
Professeur d'Anatomie et directeur de l'Institut anatomique de Heidelberg.
TRADUIT SUR LA TROISIÈME ÉDITION ALLEMANDE
par Charles JULIN
Docteur ès sciences naturelles, chargé des cours d'Anatomie comparée et d'Anatomie topographique à la Faculté de médecine de Liège.

Un vol. gr. in-8. avec 626 figures dans le texte, dont un grand nombre tirées en couleurs. Cartonné toile anglaise............................... **35 fr.**

MANUEL D'ANATOMIE COMPARÉE
par CARL GEGENBAUR
Professeur à l'Université de Heidelberg.

Avec 319 grav. sur bois intercalées dans le texte. Traduit en français sous la direction du Professeur Carl Vogt. 1 vol. gr. in-8°. Broché, 18 fr.; cart. à l'anglaise. .... **20 fr.**

MANUEL D'ANATOMIE COMPARÉE
DES VERTÉBRÉS
par R. WIEDERSHEIM
Professeur d'Anatomie humaine et comparée à l'Université de Fribourg en Brisgau
TRADUIT SUR LA DEUXIÈME ÉDITION ALLEMANDE
par G. MOQUIN-TANDON
Professeur de Zoologie et d'Anatomie comparée à la Faculté des sciences de Toulouse.

Un vol. gr. in-8°, avec 302 figures dans le texte. Broché, 12 fr.; cartonné toile anglaise................................. .... **13 fr. 50**

EMBRYOLOGIE ou TRAITÉ COMPLET

DU

DÉVELOPPEMENT DE L'HOMME
ET DES ANIMAUX SUPÉRIEURS

par Albert KÖLLIKER
Professeur d'anatomie à l'Université de Wurzbourg.

TRADUCTION FAITE SUR LA DEUXIÈME ÉDITION ALLEMANDE
par Aimé Schneider
Professeur à la Faculté des sciences de Poitiers.

*Revue et mise au courant des dernières connaissances par l'auteur
avec une préface*

par H. de LACAZE-DUTHIERS
Membre de l'Institut de France.

SOUS LES AUSPICES DUQUEL LA TRADUCTION A ÉTÉ FAITE.

L'ouvrage du professeur A. Kölliker forme un volume grand in-8° de 1,078 pages, avec 606 gravures intercalées dans le texte.

Ce traité d'Embryologie est trop important, les observations et les recherches de son célèbre auteur sont trop récentes, pour qu'il ne dût pas être mis à la portée de nos savants, de nos médecins et de nos étudiants français, par une traduction fidèle et l'emploi des figures identiques dessinées sous les yeux de l'auteur et reproduites avec finesse par la gravure sur bois.

C'est donc une bonne fortune pour nos savants et nos Universités que le professeur Kölliker ait bien voulu consentir à collaborer à l'édition française, en l'enrichissant d'observations nouvelles et de notes qui n'ont pu trouver place dans l'édition allemande.

Un vol. gr. in-8°, avec 606 fig. dans le texte, cartonné toile anglaise...   30 fr.

MÉMOIRES D'ANTHROPOLOGIE

DE

PAUL BROCA

Tomes I, II et III. 3 vol. in-8°, avec cartes et gravures. Prix de chaque volume, cartonné à l'anglaise..   7 fr.50
(Les tomes I et II ne se vendent pas séparément.)
Tome IV. 1 vol. in-8°, avec figures. Cartonné à l'anglaise............   10 fr.
Tome V. Publié avec une introduction et des notes par le docteur S. Pozzi. 1 vol. in-8°, avec figures. Cartonné à l'anglaise....................   14 fr.
Le tome V a encore été publié à part sous le titre : *Mémoires sur le cerveau de l'homme et des primates*, publiés avec une introduction et des notes par le docteur S. Pozzi. 1 vol. in-8°. Broché ....   12 fr. 50

LE LIVRE DE LA NATURE

OU

Leçons élémentaires de Physique, d'Astronomie, de Chimie, de Minéralogie, de Géologie, de Botanique, de Physiologie et de Zoologie, par le docteur Frédéric Schödler. Traduit sur la 18° édition allemande, par Adolphe Scheler et Henri Welter. 2 volumes in-8°, avec 1,026 gravures dans le texte, 2 cartes astronomiques et 2 planches coloriées. Broché......................   12 fr.
Relié, toile tr. jaspées, 14 fr. Relié, avec plaque spéciale et tr. dorées.   16 fr.
On vend séparément :
Eléments de Botanique. In-8°, avec 237 gravures. Broché.................   2 fr. 50
Eléments de Physiologie et de Zoologie. In-8°, avec 226 gravures. Broché.   4 fr. »

ARCHIVES

DE

ZOOLOGIE EXPÉRIMENTALE ET GÉNÉRALE

HISTOIRE NATURELLE — MORPHOLOGIE — HISTOLOGIE — ÉVOLUTION DES ANIMAUX

publiées sous la direction de

HENRI DE LACAZE-DUTHIERS

Membre de l'Institut de France (Académie des sciences),
Professeur d'anatomie comparée et de zoologie à la Sorbonne (Faculté des sciences),
Fondateur et directeur des laboratoires de zoologie expérimentale de Roscoff
et de la station de Banyuls-sur-Mer.

Les *Archives de Zoologie expérimentale et générale* paraissent par cahiers trimestriels. Quatre cahiers ou numéros forment un volume grand in-8°, avec planches noires et coloriées. Prix de l'abonnement : Paris, 40 fr.; Départements et Etranger, 42 fr.

Les tomes I à X (années 1872 à 1882) forment la Première Série. — Prix de chaque volume, cartonné toile : 42 fr. — Le tome XI (année 1883) forme le Ier volume de la Deuxième Série. — Le tome XII (année 1884) forme le IIe volume de la Deuxième Série. — Le tome XIII (année 1885) forme le IIIe volume de la Deuxième Série. — Le tome XIV (année 1886) forme le IVe volume de la Deuxième Série. — Le tome XV (année 1887) forme le Ve volume de la Deuxième Série. — Le tome XVI (année 1888) forme le VIe volume de la Deuxième Série. — Le tome XVII (année 1889) forme le VIIe volume de la Deuxième Série. — Le tome XVIII (année 1890) est en cours de publication.

Prix de chaque volume cartonné toile.................................... 42 fr.

Il a paru en outre de la collection :

Le tome XIII *bis* (supplémentaire à l'année 1885) ou tome III *bis* de la deuxième série.

Un volume gr. in-8° avec planches. Cartonné toile.................... 42 fr.

Malgré le grand nombre de planches, le prix de ce volume est le même que celui des *Archives*.

ANAGNOSTAKIS (A.) — *Contribution à l'histoire de la chirurgie*. **La Méthode antiseptique chez les Anciens**, par A. Anagnostakis, prof. à l'Université d'Athènes, président honoraire perpétuel de la Société de médecine, Grand Officier de l'ordre du Sauveur. Brochure in-4°................ 2 fr.

BRUNNER (Dr Henri). — **Guide pour l'analyse chim que qualitative** des substances minérales et des acides organiques et alcaloïdes les plus importants, par le Dr Henri Brunner, professeur de chimie à l'académie de Lausanne, directeur de l'Ecole de pharmacie. 1 vol. gr. in-8°. Cartonné toile... 5 fr.

CASSELMANN (A.). — **Guide pour l'analyse de l'urine**, des sédiments et des concrétions urinaires au point de vue physiologique et pathologique, par le docteur Arthur Casselmann. Traduit de l'allemand, avec l'autorisation de l'auteur, par G. E. Strohl. Brochure in-8°, avec 2 planches............ 2 fr.

CHEPMELL (le Dr E. C.). — **Médecine homœopathique à l'usage des familles**. Régime, hygiène et traitement par le docteur Chepmell. Deuxième édition, traduite, avec l'autorisation de l'auteur, sur la huitième et dernière édition anglaise par le docteur Ernest Lemoine. 1 vol. in-12................ 4 fr.

—— **Traitement homœopathique du choléra**. Extrait de l'*Homœopathie*. brochure in-12.. 25 c.

COUTANCE (A.). — **La Lutte pour l'existence**, par A. Coutance, professeur d'histoire naturelle à l'Ecole de médecine navale de Brest. 1 volume in-8°.. 7 fr. 50

—— **La Fontaine et la Philosophie naturelle**, par A. Coutance. Brochure in-8°... 2 fr.

DESOR (E.) et P. de LORIOL. — **Échinologie helvétique. Monographie des Echinides fossiles de la Suisse**, par E. Desor et P. de Loriol. Echinides de la période jurassique. 1 vol. in-4° et atlas in-fol. de 61 pl. Cart.... 100 fr.

L'ouvrage a été publié en 16 livraisons.

FOSTER et **FR. BALFOUR.** — **Éléments d'embryologie,** par Foster et Francis Balfour. Ouvrage contenant 71 gravures sur bois. Traduit de l'anglais par le Dr E. Rochefort. 1 vol. in-8°. Cartonné à l'anglaise.................. **7 fr.**

GADEAU DE KERVILLE (Henri). — **Causeries sur le Transformisme,** par Henri Gadeau de Kerville. 1 vol. in-12........................... **3 fr. 50**

GORUP-BESANEZ (E.). — **Traité d'Analyse zoochimique qualitative et quantitative.** Guide pratique pour les recherches physiologiques et cliniques, par E. Gorup-Besanez, prof. de chimie à l'Université d'Erlangen. Traduit sur la troisième édition allemande et augmenté par le Dr L. Gautier. 1 vol. grand in-8°, avec 138 figures dans le texte. Cartonné à l'ang aise.. **12 fr. 50**

GREMLI (A.). — **Flore analytique de la Suisse,** par A. Gremli. Traduit en français sur la 5e éd. allemande par J. J. Vetter. 1 vol. in-12. Cart. toile. **7 fr.**

HUXLEY (le Prof.). — **Leçons de Physiologie élémentaire,** par le professeur Huxley. Traduit de l'anglais par le docteur Dally. 1 vol. in-12, avec de nombreuses figures dans le texte. Broché, 3 fr. 50; cart. toile............. **4 fr.**

ISNARD (le Dr Félix). — **Spiritualisme et Matérialisme,** par le Dr Félix Isnard. 1 vol. in-12.. **3 fr.**

JORISSENNE (le Dr G.). — **Nouveau signe de la grossesse,** par le Dr G. Jorissenne. Brochure gr. in-8. (Liège.)............................. **2 fr. 50**

LABARTHE (P.). — **Les Eaux minérales et les Bains de mer de la France.** Nouveau guide pratique du médecin et du baigneur, par le docteur Paul Labarthe. Précédé d'une Introd. par le prof. A. Gubler. 1 vol. in-12. Cart. **5 fr.**

LETOURNEAU (le D^r Ch.). — **Physiologie des Passions,** par Ch. Letourneau. 2e édit., revue et augmentée. 1 vol. in-12. Broché, 3 fr. 50; cart. toile. **4 fr. 50**

LETOURNEAU. — Science et Matérialisme. 1 vol. in-12. Broché, 4 fr. 50; cart. toile... **5 fr. 25**

LUBBOCK (Sir John). — **Les Insectes et les Fleurs sauvages,** leurs rapports réciproques. Traduit par Edmond Barbier. 1 vol. in-12 avec 131 gravures dans le texte. Broché, 2 fr. 50.; cart. toile anglaise, plaque spéciale.. **3 fr.**

—— De l'Origine et des Métamorphoses des Insectes. Traduit par Jules Grolous. 1 volume in-12, avec de nombreuses gravures dans le texte. Broché, 2 fr. 50.; cart. toile anglaise, plaque spéciale...................... **3 fr.**

MAGNUS (Hugo). — **Histoire de l'Évolution du sens des couleurs,** par Hugo Magnus, professeur d'ophthalmologie à l'Université de Breslau, avec une Introduction par Jules Soury. 1 volume in-12........................ **3 fr.**

MANTEGAZZA. — **Physiologie du Plaisir,** par le professeur Mantegazza, sénateur du royaume d'Italie, président de la Société anthropologique. Traduit et annoté par M. Combes de Lestr. de. 1 vol. in-8°.................... **6 fr.**

MARCOU (J.). — **De la Science en France,** par J. Marcou. 1 vol. in-8°.... **5 fr.**

MARTIN (Ernest). — **Histoire des Monstres,** depuis l'antiquité jusqu'à nos jours, par le docteur Ernest Martin. 1 vol. in-8° .... **7 fr.**

MAUDSLEY (Henry). — **Physiologie de l'esprit,** par Henry Maudsley. Traduit de l'anglais par A. Herzen. 1 vol. in-8°. Cartonné à l'anglaise........ **10 fr.**

MOHR (Fr.). — **Toxicologie chimique.** Guide pratique pour la détermination chimique des poisons, par le docteur Frédéric Mohr, professeur à l'Université de Bonn. Traduit de l'allemand par le docteur L. Gautier. 1 volume in-8°, avec 56 gravures dans le texte...................................... **5 fr.**

REICHARDT (E.). — **Guide pour l'analyse de l'Eau,** au point de vue de l'hygiène et de l'industrie. Précédé de l'Examen des principes sur lesquels on doit s'appuyer dans l'appréciation de l'eau potable, par le docteur E. Reichardt, professeur à l'Université d'Iéna. Traduit de l'allemand par le docteur G. E. Strohl. 1 vol. in-8°, avec 31 fig. dans le texte...... **4 fr. 50**

ROLLAND (Camille). — **Esprit et Matière,** ou Notions populaires de Philosophie scientifique, suivies de l'Arbre généalogique complet de l'homme, d'après les données de Haeckel, par Camille Roland, ingénieur. 1 vol. in-12 avec 2 planches (Mons.) Cartonné toile anglaise......................... **2 fr. 50**

ROMANES (G. J.). — **L'Évolution mentale chez les Animaux**, par G. J. Romanes, suivie d'un essai posthume sur l'instinct par Charles Darwin. Traduit de l'anglais par le Dr Henri C. de Varigny. 1 vol. in-8° avec 4 figures dans le texte et 1 frontispice. Cartonné à l'anglaise................. 8 fr.

ROSSI (D. C.). — **Le Darwinisme et les Générations spontanées**, ou Réponse aux réfutations de MM. P. Flourens, de Quatrefages, L. Simon, Chauvel, etc., suivie d'une Lettre de M. le Dr F. Pouchet, par D. C. Rossi. 1 vol. in-12. 2 fr. 50

SALMON (Philippe). — **Dictionnaire paléoethnologique** du département de l'Aube, par Philippe Salmon, membre de la Commission des monuments mégalithiques de France et d'Algérie, membre correspondant de la Société académique de l'Aube. 1 vol. gr. in-8°, avec 3 cartes....'................ 15 fr.

SCHLESINGER (R.). — **Examen microscopique et microchimique des fibres textiles**, tant naturelles que teintes, suivi d'un Essai sur la Caractérisation de la laine régénérée (shoddy), par le docteur Robert Schlesinger. Préface du docteur Emile Kopp. Traduit par L. Gautier. 1 volume in-8°, avec 32 gravures .... 4 fr.

SCHMID (Ch.) et **F. WOLFRUM.** — **Instruction sur l'Essai chimique des médicaments**, à l'usage des Médecins, des Pharmaciens, des Droguistes et des élèves qui préparent leur dernier examen de pharmacien, par le docteur Christophe Schmid et F. Wolfrum. Traduit de l'allemand par le docteur G. E. Strohl. 1 vol. gr. in-8°. Cart. à l'anglaise.................... 6 fr.

SCHORLEMMER (C.). — **Origine et développement de la Chimie organique.** Traduit de l'anglais avec l'autorisation de l'auteur par Alexandre Claparède. 1 vol. in-12, avec figures. Cartonné toile, tranches rouges .... 3 fr. 50

STAEDELER (G.). — **Instruction sur l'Analyse chimique qualitative des substances minérales**, par G. Staedeler, revue par H. Kolbe. Traduite, sur la 6e éd. allemande, par le Dr L. Gautier, avec gravure et tableau spectral. 1 vol. in-12. Cart. à l'anglaise.................................... 2 fr. 50

VANDEN-BERGHE (Maximilien). — **L'homme avant l'histoire, notions générales de paléoethnologie**, par Vanden-Berghe. 2e édition, précédée d'une lettre de M. Abel Hovelacque, professeur de linguistique à l'Ecole d'anthropologie. Brochure in-8r .... 1 fr. 50

WALLACE (A. R.). — **La Sélection naturelle**, Essais par Alfred-Russel Wallace. Traduit sur la deuxième édition anglaise, avec l'autorisation de l'auteur, par Lucien de Candolle. 1 vol. in-8. Cartonné à l'anglaise....... 8 fr.

FORMULAIRE

DE LA

FACULTÉ DE MÉDECINE DE VIENNE

Donnant les prescriptions thérapeutiques utilisées par les professeurs Albert, Bamberger, Benedikt, Billroth, C. Braun, Gruber, Kaposi, Meynert, Monti, Neumann, Schnitzler, Stellwag de Carion, Ultzmann, Widerhofer, publié par le

Dr Théodore WIETHE

Ancien chef de clinique à Vienne.

Traduit par le Dr E. VOGT

1 fort vol. in-32. — Prix, élégamment broché..................... 3 fr. »
—   —   — cart. toile tranches rouges, coins arrondis 3 fr. 50

PROPOS SCIENTIFIQUES
par Emile YUNG

Un vol. in-12 Prix, broché .... 3 fr.

III. — *HISTOIRE, POLITIQUE, GÉOGRAPHIE, ETC.*

LE MONDE TERRESTRE

AU POINT ACTUEL DE LA CIVILISATION

NOUVEAU PRÉCIS

DE GÉOGRAPHIE COMPARÉE

DESCRIPTIVE, POLITIQUE ET COMMERCIALE

Avec une Introduction, l'Indication des sources et cartes, et un Répertoire alphabétique

par CHARLES VOGEL

Conseiller, ancien chef de Cabinet de S. A. le prince Charles de Roumanie
Membre des Sociétés de Géographie et d'Economie politique de Paris, Membre correspondant
de l'Académie royale des Sciences de Lisbonne, etc., etc.

L'ouvrage complet forme 3 volumes, divisés en 5 parties, gr. in-8°.

Premier volume. Cartonné toile..	15 fr.
Deuxième volume. Cartonné toile...	18 fr.
Première partie du troisième volume. Cartonné toile............	9 fr.
Deuxième — — — — —	12 fr.
Troisième — — — — —	12 fr.
L'ouvrage complet en 3 volumes, divisés en 5 parties. Broché.........	60 fr.
Cartonné toile.......................	66 fr.
Relié en demi-maroquin, tr. peigne.	72 fr.

Il a été fait un tirage spécial de la 1ʳᵉ partie du tome III de cet ouvrage sous le titre :

L'EUROPE ORIENTALE DEPUIS LE TRAITÉ DE BERLIN

Cette partie contient la Russie, la Pologne et la Finlande, la Roumanie, la Serbie et le Monténégro, la Bulgarie, la Turquie, l'Albanie et la Grèce. Elle forme un volume gr. in-8°, cart. à l'anglaise.............................. 9 fr.

MŒURS ROMAINES DU RÈGNE D'AUGUSTE

A LA FIN DES ANTONINS

par L. FRIEDLÆNDER

Professeur à l'Université de Kœnigsberg.

TRADUCTION LIBRE FAITE SUR LE TEXTE DE LA DEUXIÈME ÉDITION ALLEMANDE

Avec des considérations générales et des remarques

par CH. VOGEL.

4 vol. in-8°. Brochés, 28 fr. Reliés en demi-maroquin, 35 fr.

BORDIER (Dʳ A.). — **La Colonisation scientifique et les colonies françaises**, par le Dʳ A. Bordier, prof. de géographie médicale à l'Ecole d'Anthropologie. 1 vol. in-8°. Broché, 7 fr. 50 ; cart. toile anglaise... 8 fr. 50

BULWER (Sir H.). — **Essai sur Talleyrand**, par Sir Henry Lytton Bulwer, ancien ambassadeur. Traduit de l'anglais, avec l'autorisation de l'auteur, par Georges Perrot. 1 vol. in-8°... 5 fr.

CHAMPION (Edme). — **Esprit de la Révolution française**, par Edme Champion. 1 vol. in-12... 3 fr. 50

DELTUF (P.) — **Essai sur les Œuvres et la Doctrine de Machiavel**, avec la traduction littérale du Prince, et de quelques Fragments historiques et littéraires, par Paul Deltuf. 1 vol. in-8°.. 7 fr. 50

DEVAUX (P.). — **Études politiques sur l'Histoire ancienne et moderne** et sur l'influence de l'état de guerre et de l'état de paix, par Paul Devaux, membre de l'Académie des Sciences, des Lettres et des Beaux-Arts de Belgique. 1 vol. grand in-8°. (Bruxelles.).. 9 fr.

GIRARD DE RIALLE. — **La Mythologie comparée.** TOME PREMIER : Théorie du fétichisme. — Sorcier et sorcellerie. — Le fétichisme étudié sous ses divers aspects. — Le fétichisme chez les Cafres, chez les anciens Chinois, chez les peuples civilisés. — Théorie du polythéisme. — Mythologie des nations civilisées de l'Amérique. 1 volume in-12. Broché, 3 fr. 50; cartonné à l'anglaise...................................... 4 fr.

GUBERNATIS (Angelo de). — **La Mythologie des Plantes ou Légendes du règne végétal.** 2 vol. in 8°. Cart. à l'anglaise...................... 14 fr.

GUYOT (Yves). — **Lettres sur la politique coloniale.** 1 volume in-12, avec 1 carte et 2 graphiques .... 4 fr.

LEFÈVRE (André). — **L'Homme à travers les âges.** Essai de critique historique. 1 vol. in-12. Broché, 3 fr. 50; cart. toile anglaise............ 4 fr.

MOLINARI (G. de). — **L'Évolution économique du XIX° siècle,** théorie du progrès, par M. G. de Molinari, membre correspondant de l'Institut. 1 vol. in-8°.. 6 fr.

—— **L'Évolution politique et la révolution,** par M. G. de Molinari, membre correspondant de l'Institut. 1 vol. in-8°...................... 7 fr. 50

—— **Au Canada et aux Montagnes Rocheuses,** en Russie, en Corse et à l'Exposition universelle d'Anvers. Lettres adressées au *Journal des Débats* par M. G. de Molinari. 1 vol. in-12 .... 3 fr. 50

MOREAU DE JONNÈS (A.). — **État économique et social de la France depuis Henri IV jusqu'à Louis XIV (1589-1715),** par A. Moreau de Jonnès, membre de l'Institut. 1 vol. in-8°...................... 7 fr.

POPPER. — **Terre de feu.** Conférence donnée à l'Institut géographique argentin, le 5 mars 1887, par l'ingénieur Jules Popper. Traduit du *Bulletin de l'Institut* par M. G. Lemarchand. 1 vol. in-12...................... 4 fr. 50

ROBIQUET (P.). — **Histoire municipale de Paris** depuis les origines jusqu'à l'avènement de Henri III. 1 vol. in-8. Broché, 10 fr.; relié toile aux armes de la ville de Paris...................... 12 fr.

TISCHENDORF (C.). — **Terre sainte,** par Constantin Tischendorf, avec les souvenirs du pèlerinage de S. A. 1. le grand-duc Constantin. 1 vol. in-8°, avec 3 gravures...................... 5 fr.

VOGEL (Ch.). — **Le Portugal et ses colonies.** Tableau politique et commercial de la monarchie portugaise dans son état actuel, avec des annexes et des notes supplémentaires. 1 vol. in-8°...................... 8 fr. 50

LETTRES SUR LE CONGO

RÉCIT D'UN VOYAGE SCIENTIFIQUE

ENTRE L'EMBOUCHURE DU FLEUVE ET LE CONFLUENT DU KASSAÏ

par Edouard DUPONT

Directeur du Musée royal d'histoire naturelle de Bruxelles

1 vol. gr. in-8°, illustré de 12 gravures sur bois et de 11 cartes et planches hors texte. Broché 15 fr.; cartonné toile anglaise...................... 16 fr.

IV. — *ARCHÉOLOGIE ET SCIENCES PRÉHISTORIQUES*

TIRYNTHE
LE PALAIS PREHISTORIQUE
DES ROIS DE TIRYNTHE
RÉSULTAT DES DERNIÈRES FOUILLES
Par Henri SCHLIEMANN
AVEC UNE PRÉFACE DE M. LE PROFESSEUR F. ADLER
ET DES CONTRIBUTIONS DE Dr W. DÖRPFELD

*Un volume gr. in-8 jésus. Illustré d'une carte, de 4 plans, de 24 planches
en chromolithographie et de 188 gravures sur bois.*

Cartonnage anglais non rogné, avec titre en noir...................... 32 fr.
Relié en demi-maroquin, plaques spéciales or et noir, doré sur tranches 40 fr.

RECHERCHES ANTHROPOLOGIQUES
DANS
LE CAUCASE
PAR
ERNEST CHANTRE
Sous-directeur du Muséum de Lyon
Chargé de missions scientifiques dans l'Asie occidentale
par le Ministère de l'Instruction publique.

TOME PREMIER. — Période préhistorique.
TOME DEUXIÈME. — Période protohistorique. Premier âge du fer, avec atlas.
TOME TROISIÈME. — Période historique. Époque Scytho-byzantine.
TOME QUATRIÈME. — Période historique. Populations actuelles.

1879-1881

4 volumes de texte grand in-1°, avec gravures, planches et cartes, et accom-
pagnés d'un atlas au tome II, en tout 5 volumes grand in-4°....... 300 fr.

CARTAILHAC (Émile). — **Les Ages préhistoriques de l'Espagne et du
Portugal,** par Emile Cartailhac, avec préface par M. de Quatrefages. 1 vol.
grand in-8° illustré de 450 gravures et 4 planches. Broché.......... 25 fr.
Cartonné... 30 fr.

GENER (Pompeyo). — **La Mort et le Diable.** Contribution à l'étude de l'évolution des idées, histoire et philosophie des deux négations suprêmes,
précédée d'une lettre à l'auteur de E. Littré. 1 vol. in-8°. Cartonné à l'anglaise... 12 fr.

LEPIC (Le Vic.). — **Grottes de Savigny,** commune de la Biolle, canton
d'Albens (Savoie), par M. le vicomte Lepic. In-4°, avec 6 planches litho-
graphiées.. 9 fr.

LEPIC (le vicomte) et J. de LUBAC. — **Stations préhistoriques** de la vallée
du Rhône, en Vivarais, Châteaubourg et Soyons. Notes présentées au Congrès de Bruxelles dans la session de 1872, par MM. le vicomte Lepic et Jules
de Lubac. In-folio, avec 9 planches. (Chambéry.).................... 9 fr.

MORTILLET (G. de). — **Le Signe de la croix avant le christianisme**, avec 117 gravures sur bois, par M. Gabriel de Mortillet. 1 vol. in-8°........ 6 fr.

—— **Musée préhistorique.** Album de 100 planches contenant 800 dessins classés méthodiquement. 1 vol. grand in-8° jésus...................... 35 fr.

NILSSON (S.). — **Les Habitants primitifs de la Scandinavie.** Essai d'ethnographie comparée, matériaux pour servir à l'histoire de l'homme, par Sven Nilsson. 1ʳᵉ partie : L'Age de pierre. Traduit du suédois. 1 vol. grand in-8°, avec 16 planches. Cartonné à l'anglaise...................... 12 fr.

PERRIER DU CARNE. — **La Grotte de Teyjat**, gravures magdaléniennes, par Perrier du Carne. Brochure gr. in-8°, ornée de 9 figures et 3 héliogravures.. 2 fr.

RHOMAÏDÈS (C.). — **Les Musées d'Athènes**, gr. in-4° avec texte grec, allemand, français et anglais. (Athènes.)
   Cet ouvrage paraît par livraisons avec texte et planches. Les deux premières sont en vente. Prix de chaque livraison .... 7 fr. 50

SALMON (Philippe). — **Les races humaines préhistoriques**, par Philippe Salmon. Brochure gr. in-8°........................ 2 fr. 50

TYLOR (Edward B). — **La Civilisation primitive.** Tome 1. Traduit de l'anglais sur la deuxième édition par Mᵐᵉ Pauline Brunet. — Tome II. Traduit par M. Edm. Barbier. 2 vol. in-8°. Cart. à l'anglaise................. 20 fr.

V. — LITTÉRATURE

BRÉMER (F.). — **Hertha, ou l'Histoire d'une âme,** par Frédérica Brémer. Traduit du suédois par M. A. Geffroy. 1 vol. in-12.................... 3 fr. 50

BRET-HARTE. — **Scènes de la vie californienne** et Esquisse de mœurs transatlantiques, par Bret-Harte. Traduit par M. Amédée Pichot et ses collaborateurs de la *Revue britannique.* 1 vol. in-12...................... 2 fr.

BROUGHTON (Miss). — **Comme une fleur,** autobiographie. Traduit de l'anglais par Auguste de Viguerie. 2ᵉ édition revue. 1 vol. in-12, imprimé avec encadrement en couleur. Relié toile, tr. cor. et plaque spéciale........ 5 fr.

Choix de Nouvelles russes, de Lermontoff, de Pouschkine, Von Wiesen, etc. Traduit du russe par M. J. N. Chopin, auteur d'une *Histoire de Russie,* de *l'Histoire des révolutions des peuples du Nord,* etc. 1 vol. in-12...... 2 fr.

DELTUF (P.). — **Les Tragédies du foyer,** par P. Deltuf. 1 vol. in-12..... 2 fr.

GOLOVINE (I.). — **Mémoires d'un Prêtre russe,** ou la Russie religieuse, par M. Ivan Golovine. 1 vol. in-8°.............................. 7 fr.

HEYSE (P.). — **La Rabbiata et d'autres Nouvelles,** par Paul Heyse. Traduit de l'allemand par MM. G. Bayvet et E. Jonveaux. 1 vol. in-12........ 2 fr.

—— **Impressions de voyage d'un Russe en Europe.** 1 vol. in-12.. 2 fr. 50

MANTEGAZZA (P.). — **Une Journée à Madère,** par P. Mantegazza. Traduit de l'italien par Mᵐᵉ C. Thiry. 1 vol. in-12...................... 2 fr.

MARSH (Mrs.). — **Emilia Wyndham,** par l'auteur de « Two old men's tales ; Mount Sorel, etc. » (Mrs. Marsh.) Traduit librement de l'anglais. 2 vol. in-12 réunis en un seul.. 5 fr.

MARY LAFON. — **Histoire littéraire du Midi de la France,** par Mary Lafon. 1 vol. in-8°... 7 fr. 50

MÜLLER (O.). — **Charlotte Ackermann.** Souvenirs de la vie d'une actrice au XVIIIᵉ siècle, par Otto Müller, traduction de J.-J. Porchat. 1 vol. in-8°. 2 fr.

POMPERY (E. de). — **La Vie de Voltaire.** L'homme et son génie. 1 vol. in-12. 2 fr.

STRAUSS (David-Frédéric). — **Voltaire.** Six conférences par David-Frédéric Strauss. Traduit de l'allemand sur la troisième édition par Louis Narval, précédé d'une Lettre-Préface du traducteur à M. E. Littré. 1 vol. in-8°... 7 fr.

WITT (Mᵐᵉ de). — **La Vie des deux côtés de l'Atlantique,** autrefois et aujourd'hui. Traduit de l'anglais par Mᵐᵉ de Witt. 1 vol. in-12........ 2 fr.

VI. — PHILOSOPHIE

Études de Sociologie.

LES TROIS ÉVOLUTIONS

INTELLECTUELLE, SOCIALE, MORALE

par Léopold BRESSON

Ancien élève de l'école Polytechnique.

1 volume in-8°.. 6 fr.

LA VIE DES SOCIÉTÉS

Par le Docteur A. BORDIER

Professeur à l'École d'anthropologie de Paris.

1 volume in-8°.. 6 fr.

ASSIER (Ad. d'). — **Essai de Philosophie positive au dix-neuvième siècle.** Le Ciel, la Terre, l'Homme, par Adolphe d'Assier.
 Première partie : le Ciel. 1 vol. in-12...................... 2 fr. 50
 Troisième partie : L'Homme, 1 vol. in-12..................... 3 fr. 50

BÉRAUD (P. M.). — **Étude sur l'Idée de Dieu dans le spiritualisme moderne,** par P. M. Béraud. 1 vol. in-12...................... 4 fr.

BRESSON (Léopold). — **Idées modernes.** Cosmologie. Sociologie, par Léopold Bresson. 1 volume in-8°.............................. 5 fr.

BURNOUF (Émile). — **La Vie et la Pensée.** Éléments réels de Philosophie, par Émile Burnouf, directeur honoraire de l'école d'Athènes. 1 vol. in-8° avec figures dans le texte............................... 7 fr.

COSTE (Adolphe). — **Dieu et l'Ame.** Essai d'idéalisme expérimental, par Adolphe Coste. 1 vol. in-12................................ 2 fr. 50

DIDEROT. — **Œuvres choisies.** Édition du centenaire (30 juillet 1884). Publiée par les soins de MM. Dutailly, Gillet-Vital, Yves Guyot, Issaurat, de Lanessan, André Lefèvre, Ch. Letourneau, M. Tourneux, Eugène Véron. 1 vol. in-12... 3 fr. 50

ISSAURAT (C.). — **Diderot pédagogue.** Conférence, par C. Issaurat. Brochure in-8°... 1 fr.

LANGE (F. A.). — **Histoire du Matérialisme** et Critique de son importance à notre époque, par F. A. Lange, professeur à l'Université de Marbourg. Traduit par B. Pommerol, avec Introduction par D. Nolen. 2 vol. in-8°. Cartonnés à l'anglaise.. 20 fr.

MICHEL (Louis). — **Libre arbitre et liberté,** par L. Michel. 1 volume in-12... 2 fr. 50

MULLER (Prof. Max). — **Origine et développement de la Religion,** étudiés à la lumière des religions de l'Inde. Traduit de l'anglais par J. Darmesteter. 1 vol. in-8° .... 7 fr.

PICHARD (Prosper). — **Doctrine du réel.** Catéchisme à l'usage des gens qui ne se paient pas de mots. Précédé d'une préface par E. Littré. Nouvelle édition. 1 vol. in-12.. 2 fr.

RUELLE (Ch.). — **De la vérité dans l'Histoire du christianisme.** Lettres d'un laïque sur Jésus, par Ch. Ruelle, auteur de la *Science populaire de Claudius.* — La théologie et la science. — M. Renan et les théologiens. — La résurrection de Jésus d'après les textes. — Lecture de l'encyclique. 1 vol. in-8°... 6 fr.

SETCHÉNOFF (Yvan). — **Études psychologiques.** Traduites du russe par Victor Derély. Avec une introduction de G. Wyrouboff. 1 vol. in-8°.. 5 fr.

SOURY (Jul.). — **Études historiques** sur les religions, les arts, la civilisation de l'Asie antérieure et de la Grèce, par J. Soury. 1 vol. in-8°...... 7 fr. 50

SPINOZA (B. de). — **Lettres inédites.** Traduites en français par J.-G. Prat. Avec portrait et épigraphe. 1 vol. in-12............................ 3 fr.

STRAUSS (David-Frédéric). — **L'Ancienne et la Nouvelle foi.** Confession par David-Frédéric Strauss. Traduit de l'allemand sur la 8ᵉ édition par Louis Narval, et augmenté d'une Préface par E. Littré. 1 volume in-8°.... 7 fr

VIARDOT (Louis). — **Libre examen.** Apologie d'un incrédule, par L. Viardot. Sixième édition très augmentée (édition populaire). 1 vol. in-12..... 1 fr. 50

VOLTAIRE. — **Œuvres choisies.** Édition du centenaire (30 mai 1878). 1 vol. in-12 de 1,000 pages, avec portrait de Voltaire.................. 2 fr. 50

VII. — LINGUISTIQUE — LIVRES CLASSIQUES

AHN (F. H.). — **Syllabaire allemand.** Premières notions de langue allemande, avec un Nouveau traité de prononciation et un Nouveau système d'apprendre les lettres manuscrites, par F. H. Ahn. 6ᵉ édition. 1 vol. in-12 1 fr.

BRUHNS (C.). — **Nouveau Manuel de logarithmes** à sept décimales, pour les nombres et les fonctions trigonométriques, rédigé par C. Brühns, docteur en philosophie, directeur de l'observatoire et professeur d'astronomie à Leipzig. 1 vol. grand in-8°, édition stéréotype. (Leipzig, B. Tauchnitz.)......... 5 fr.

FAURIEL (C.). — **Histoire de la Poésie provençale.** Cours à la Faculté des lettres de Paris, par M. C. Fauriel, membre de l'Institut; 3 volumes in-8° (1847)... 24 fr.

HOVELACQUE (A.) et Julien **VINSON**. — **Études de linguistique** et d'ethnographie. 1 volume in-12. Broché, 4 fr.; cart. toile anglaise.......... 5 fr.

MAIGNE (J.). — **Traité de Prononciation française** et Manuel de lecture à haute voix. Guide théorique et pratique des Français et des Etrangers, par M. Jules Maigne. 1 vol. in-12. Cartonné toile.................. 3 fr.

MOHL (Jules). — **Vingt-sept ans d'histoire des études orientales.** Rapports faits à la Société asiatique de Paris de 1840 à 1867, par Jules Mohl, membre de l'Institut, secrétaire de la Société asiatique. Ouvrage publié par sa veuve. Deux volumes in-8°...................... .... 15 fr.

—— **Le Livre des Rois,** par Abou'l Kasim Firdousi, traduit et commenté par Jules Mohl, membre de l'Institut, professeur au Collège de France. 7 vol. in-12. (Imprimerie nationale.)........................ 52 fr. 50

OLIVIER (L. D.). — **Grammaire élémentaire du grec moderne.** (Athènes.) 1 vol. in-8°... 5 fr.

SANDER (E. H.). — **Promenade de Paris au Rigi,** racontée (en allemand) pour servir d'introduction à la lecture des auteurs allemands, par E. H. Sander, professeur de langue allemande à l'Ecole d'application d'état-major. Seconde édition, revue et corrigée. 1 vol. in-18. Cartonné................. 75 cent.

VIII. — BIBLIOGRAPHIE ET DIVERS

BULLETIN MENSUEL DE LA LIBRAIRIE FRANÇAISE

Publié par C. REINWALD

1890. — 32ᵉ année. Format in-8°. — 8 pages par mois.

Prix de l'abonnement : Paris et la France, 2 fr. 50. Étranger, 3 fr.

Ce Bulletin paraît au commencement de chaque mois et donne les titres et les prix des principales nouvelles publications de France, ainsi que de celles en langue française éditées en Belgique, en Suisse, en Allemagne, etc., etc.

HISTOIRE GÉNÉRALE DE L'ARCHITECTURE

PAR

DANIEL RAMÉE

ARCHITECTE.

2 vol. gr. in-8°, ornés de 523 gravures sur bois. — Prix, brochés, 30 fr.

DICTIONNAIRE GÉNÉRAL

DES TERMES D'ARCHITECTURE

EN FRANÇAIS, ALLEMAND, ANGLAIS ET ITALIEN

par DANIEL RAMÉE

Architecte, auteur de l'*Histoire générale de l'architecture*.

Un volume grand in-8°...................................... 8 fr.

LE FELD-MARÉCHAL

PRINCE PASKÉVITSCH

SA VIE POLITIQUE ET MILITAIRE

D'APRÈS DES DOCUMENTS INÉDITS

PAR

Le Général Prince STCHERBATOW

DE L'ÉTAT-MAJOR RUSSE

TRADUIT PAR UNE RUSSE

TOME PREMIER (1782-1826)

1 beau vol. gr. in-8°, avec un portrait en lithog. (*Saint-Pétersbourg.*) Prix : 15 fr.

L'ouvrage sera complet en 3 volumes.

BERLEPSCH. — **Nouveau Guide en Suisse,** par Berlepsch. 2ᵉ édition illustrée. 1 vol. in-12, cartes et plans, panoramas sur acier, etc. Cart. à l'angl. 5 fr.

Instructions aux capitaines de la marine marchande naviguant sur les côtes du Royaume-Uni, en cas de naufrage ou d'avaries. 1 vol. in-8°. 2 fr. 50

LIEBIG (J. de). — **Sur un nouvel Aliment pour nourrissons** (la Bouillie de Liebig), avec Instruction pour sa préparation et son emploi. 1 vol. in-12. 1 fr.

MOLTKE (de). — **Campagnes des Russes dans la Turquie d'Europe** en 1828 et 1829. Traduit de l'allemand du colonel baron de Moltke, par A. Demmler, professeur à l'École impériale d'état-major. 2 vol. in-8°............. 6 fr.

Les cartes accompagnant cet ouvrage sont épuisées.

TÉLIAKOFFSKY (A.). — **Manuel de Fortification permanente,** par A. Téliakoffsky, colonel du génie. Traduit du russe par Goureau. 1 vol. gr. in-8°, avec un atlas in-4° de 40 planches.................................... 20 fr.

WELTER (H.). — **Essai sur l'Histoire du café,** par Henri Welter. 1 vol. in-12 .... 3 fr. 50

TABLE ALPHABÉTIQUE.

Typ. Paul SCHMIDT, 5, avenue Verdier, Grand-Montrouge.